GAOYA DIANLI DIANLAN JISHU SHIXUN JIAOCAI

高压电力电缆技术
实训教材

国网山东省电力公司泰安供电公司　编

中国电力出版社
CHINA ELECTRIC POWER PRESS

内 容 提 要

为进一步提升电缆作业人员的专业技能水平,国网山东省电力公司泰安供电公司编写了《高压电力电缆技术实训教材》。

本教材涵盖高压电力电缆的结构及技术要求、电缆附件的结构及制造工艺、电力电缆交接试验、电力电缆例行试验、电力电缆线路状态检测(监测)、高压电缆故障探测技术六章专业内容,不仅讲透原理,更教会实操。

本教材既可作为新员工入职培训的"口袋书",也可作为资深工程师案头查阅的"工具书"。

图书在版编目(CIP)数据

高压电力电缆技术实训教材 / 国网山东省电力公司
泰安供电公司编. -- 北京: 中国电力出版社,2025.7.
ISBN 978-7-5198-9919-6

Ⅰ. TM757

中国国家版本馆 CIP 数据核字第 20255BC744 号

出版发行:中国电力出版社
地   址:北京市东城区北京站西街 19 号 (邮政编码 100005)
网   址:http://www.cepp.sgcc.com.cn
责任编辑:肖 敏
责任校对:黄 蓓 朱丽芳
装帧设计:郝晓燕
责任印制:石 雷

印   刷:三河市万龙印装有限公司
版   次:2025 年 7 月第一版
印   次:2025 年 7 月北京第一次印刷
开   本:787 毫米×1092 毫米 16 开本
印   张:11.5
字   数:231 千字
定   价:60.00 元

高压电力电缆技术实训教材
编 委 会

前　言

城市向"深"生长，电网向"地下"延伸。随着新型城镇化步伐加快，110～500kV电力电缆已悄然成为城市输电主通道、大型电源外送"主动脉"、跨区域联网"高速路"和新能源并网"最后一公里"。相较传统架空线路，电缆占地更少、景观更友好、可靠性更高、受气象影响更小，正日益成为构建"安全、高效、绿色、共享"现代能源体系的骨干力量。

然而，电缆一旦投运便深埋隧道、管廊或直埋地下，运行环境高温高湿、电磁复杂、外力隐患多，加之故障隐蔽、抢修窗口短、停电影响大，对电缆运检人员的专业深度、装备精度与应急速度提出了前所未有的高要求。

国网山东省电力公司泰安供电公司长期从事110～500kV高压电缆的建设、运维与检修，积累了大量现场经验，也深刻体会作业人员对系统性、规范化培训教材的迫切需求。为适应电缆检修及电缆通道运维管理培训的新趋势和新需求，进一步提升电缆作业人员的专业技能水平，从而对电缆作业人员提供全面性、标准化的指导和培训，国网山东省电力公司泰安供电公司编写了《高压电力电缆技术实训教材》。

本教材以"理论够用、生产实用、山东特色"为导向，充分利用各类资源和方法，遵循先进性、实用性、生动性的原则，结合企业实际，精心编撰而成。全教材以"结构—工艺—试验—监测—故障探测—现场安全"为主线，力图把设计、制造、安装、运维、检修、应急等全生命周期关键环节讲深、讲透，涵盖高压电力电缆的结构及技术要求、电缆附件的结构及制造工艺、电力电缆交接试验、电力电缆例行试验、电力电缆线路状态检测（监测）、高压电缆故障探测技术六章专业内容，不仅讲透原理，更教会实操，既可作为新员工入职培训的"口袋书"，也可作为资深工程师案头查阅的"工具书"。

在编写过程中，我们得到了众多单位的鼎力支持和众多专家的悉心指导，在此表示诚挚的感谢！

鉴于编写团队水平有限且时间紧迫，书中难免存在疏漏，恳请广大读者批评指正，以便再版时修订完善。

编委会

2025 年 7 月

目　录

第一章　高压电力电缆的结构及技术要求

高压电力电缆是电力系统中传输电能的重要组成部分，主要用于城区、电站等必须采用地下输电的部位。我国高压及超高压电力电缆涵盖 66、110、220、330、500、±200、±320kV 等电压等级。

电缆线路包括电缆本体、附件、附属设备及附属设施等。

电缆本体：除去电缆接头和终端等附件以外的电缆线段部分。

电缆附件：电缆终端、电缆接头等电缆线路组成部件的统称。

附属设备：避雷器、接地装置、供油装置、在线监测装置等电缆线路附属装置的统称。

附属设施：电缆支架、标识标牌、防火设施、防水设施、电缆终端站等电缆线路附属部件的统称。

电缆通道：电缆隧道、电缆沟、排管、直埋、电缆桥架、综合管廊等电缆线路的土建设施。

第一节　高压电力电缆结构及载流量

一、 高压电力电缆结构

高压电力电缆均为单芯结构。交联聚乙烯绝缘电力电缆以其合理的工艺和结构、优良的电气性能和安全可靠的运行特点获得了迅猛的发展，目前高压电力电缆已多数采用交联聚乙烯绝缘电缆。高压交联聚乙烯绝缘电力电缆导体一般为铝或铜单线规则绞合紧压结构，标称截面积为 $800mm^2$ 及以上时为分割导体结构。导体的绝缘屏蔽为挤包的半导电层，标称截面积在 $500mm^2$ 及以上的电缆导体屏蔽多由半导电包带和挤包半导电层组成。金属屏蔽采用铜丝屏蔽或金属套屏蔽结构。外护层采用聚氯乙烯或聚乙烯护套料，为了方便外护层绝缘电阻的测试，外护层表面应有导电涂层。

110kV 及以上高压电缆采用单芯电缆（典型为交联聚乙烯绝缘电力电缆），110kV 及以上高压电缆剖面图如图 1-1 所示。

高压电力电缆中，充油电缆以其电气性能可靠、机械性能良好等优点一直沿用至今。充油电缆是利用补充浸渍剂来消除绝缘中形成的气隙，以提高电缆工作场强的一种电缆结构，单芯充油电缆截面如图 1-2 所示。

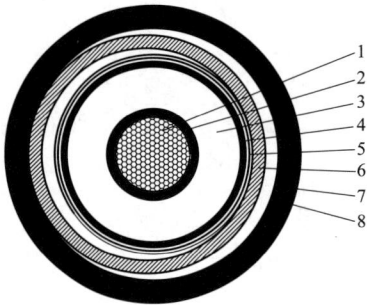

图 1-1　110kV 及以上高压电缆剖面图

1—导体（线芯）；2—内半导电屏蔽层；

3—绝缘层；4—外半导电屏蔽层；

5—缓冲层；6—皱纹铝护套；

7—外护套；8—挤出半导电层（或石墨层）

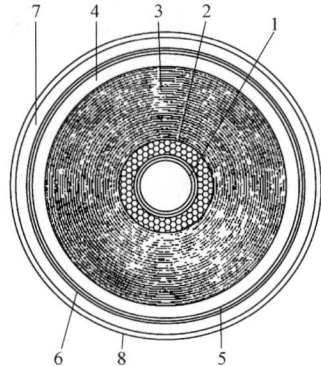

图 1-2　单芯充油电缆截面

1—油道；2—导体；3—纸绝缘；4—铅护套；

5—纵向加强层；6—横向加强层；

7—橡胶护套；8—外护层

二、 电缆线路的载流量

1. 电缆线路载流量的概念

在一个确定的适用条件下，当电缆导体流过的电流在电缆各部分所产生的热量能够及时向周围媒质散发，使绝缘层温度不超过长期最高允许工作温度，这时电缆导体上所流过的电流值称为电缆载流量。电缆载流量是电缆在最高允许工作温度下，电缆导体允许通过的最大电流。

在电缆工作时，电缆各部分损耗所产生的热量及外界因素的影响使电缆工作温度发生变化，电缆工作温度过高，将加速绝缘老化，缩短电缆使用寿命。因此必须规定电缆最高允许工作温度。电缆的最高允许工作温度主要取决于所用材料热老化性能。各种型式电缆的长期和短时最高允许工作温度见表 1-1。一般不超过表中的规定值，电缆可在设计寿命年限内安全运行。反之，工作温度过高，绝缘老化加速，电缆寿命会缩短。

表 1-1   各种型式电缆的长期和短时最高允许工作温度

电缆型式		最高允许工作温度/℃	
		持续工作	短路暂态（最长持续 5s）
充油电缆	普通牛皮纸	80	160
	半合成纸	85	160
聚乙烯绝缘电缆		70	140
交联聚乙烯绝缘电缆		90	250
聚氯乙烯绝缘电缆		70	160
橡皮绝缘电缆		65	150

2. 影响电缆载流量的主要因素

（1）导体材料的影响：

导体材料的电阻率越大，电缆的载流量越小。因此，选用高电导率的材料有利于提高电缆的传输容量。

导体截面越大，载流量越大。

导体结构的影响，同样截面的导体，采用分割导体的载流量大。尤其对于大截面的导体（$800mm^2$ 以上）而言，更是如此。

（2）绝缘材料对载流量的影响：

绝缘材料的耐热性能越好，即电缆允许最高工作温度越高，载流量越大。交联聚乙烯绝缘电缆比油纸绝缘允许最高工作温度高。因此同一电压等级、相同截面的电缆，交联聚乙烯绝缘电缆比油纸绝缘传输容量大。

绝缘材料热阻也是影响载流量的重要因素。选用热阻系数低、击穿强度高的绝缘材料，能降低绝缘层热阻，提高电缆载流量。

介质损耗越大，电力电缆载流量越小。绝缘材料的介质损耗与电压的平方成正比。因此，对于高压和超高压电缆，必须严格控制绝缘材料的介质损耗正切值。

（3）电缆本体周围介质温度越高，电力电缆载流量越小。电缆线路附近有热源，如与热力管道平行、交叉或周围敷设有电缆等使周围介质温度变化，会对电缆载流量造成影响。电缆线路与热力管道交叉或平行时，周围土壤温度会受到热力管道散热的影响，电缆本体周围的土壤与其他地方同样深度土壤的温升不超过 10℃，电缆载流量才可以认为不受影响。对于同沟敷设的电缆，由于多条电缆相互影响，电力电缆载流量会适当降低。

（4）电缆本体周围介质热阻越大，电力电缆载流量越小。电缆直接埋设于地下，当埋设深度确定后，土壤热阻取决于土壤热阻系数。土壤热阻系数与土壤的组成、物理状态和含水量有关。比较潮湿紧密的土壤热阻系数约为 0.8m·K/W，一般土壤热阻系数约为 1.0m·K/W，比较干燥的土壤热阻系数约为 1.2m·K/W。降低土壤热阻系数，能够有效地提高电缆载流量。

电缆敷设在管道中，其载流量比直接埋设在地下要小。管道敷设的周围介质热阻，实际上是三部分热阻之和，即电缆表面到管道内壁的热阻、管道热阻和管道的外部热阻，因此热阻较大，载流量较低。

第二节　高压电缆线路技术要求

一、本体技术要求

电缆的基本结构分为导体、绝缘层和保护层（屏蔽层、缓冲层、外护套）三大部分。对于 66kV 及以上电缆，导体外和绝缘层外还有屏蔽层。

1. 导体

导体是电力电缆用来传输电流的载体，是决定电缆经济性和可靠性的重要组成部分。导体主要要求如下：

（1）导体用铜单线应采用 GB/T 3953《电工圆铜线》中规定的 TR 型圆铜线。

（2）导体截面由供方根据采购方提供的使用条件和敷设条件计算确定，并提交详细的载流量计算报告，或由采购方自行确定导体截面。

（3）66kV 及以上的电缆，导体截面积小于 800mm^2 时应采用紧压绞合圆形导体；截面积为 800mm^2 时可任选紧压导体或分割导体结构；截面积在 1000mm^2 及以上时应采用分割导体结构。导体的结构和直流电阻应符合表 1-2 的规定。

表 1-2　　　　　　　　　　　　导体的结构和直流电阻

导体标称截面积/ mm^2	导体中单线根数		20℃时导体直流电阻最大值/（Ω/km）		导体标称截面积/ mm^2	导体中单线根数		20℃时导体直流电阻最大值/（Ω/km）	
	铝	铜	铝	铜		铝	铜	铝	铜
25	6	6	1.20	0.727	500	53	53	0.0605	0.0366
35	6	6	0.868	0.524	630	53	53	0.0469	0.0283
50	6	6	0.641	0.387	800	53	53	0.0367	0.0221
70	12	12	0.443	0.268	1000	170	170	0.0291	0.0176
95	15	15	0.320	0.193	1200	170	170	0.0247	0.0151
120	15	18	0.253	0.153	1400	170	170	0.0212	0.0129
150	15	18	0.206	0.124	1600	170	170	0.0186	0.0113
185	30	30	0.164	0.0991	1800	265	265	0.0165	0.0101
240	30	34	0.125	0.0754	2000	265	265	0.0149	0.0090
300	30	34	0.100	0.0601	2200	265	265	0.0135	0.0083
400	53	53	0.0778	0.0470	2500	265	265	0.0127	0.0073

（4）绞合导体不允许整芯或整股焊接。绞合导体中允许单线焊接，但在同一导体单线层内，相邻两个焊点之间的距离应不小于 300mm。

（5）导体表面应光洁，无油污、损伤屏蔽及绝缘的毛刺、锐边及凸起和断裂的单线。

2. 绝缘层

绝缘层是将导体与外界在电气上彼此隔离的主要保护层，它长期承受工作电压及各种过电压作用，因此其耐电强度及长期稳定性能是保证整个电缆完成输电任务的最重要部分。

在电缆使用寿命期间，绝缘层材料具有以下特性：较高的绝缘电阻和工频、脉冲击穿强度，优良的耐树枝放电和耐局部放电性能，较低的介质损耗角正切值，以及一定的韧性和机械强度。

66kV 及以上的电缆应采用超净可交联聚乙烯料。

绝缘层的标称厚度应符合表 1-3 的规定。

表 1-3　　　　　　　　　　　　　　　绝缘层的标称厚度

导体标称截面积/mm²	额定电压 $U_0/U(U_m)$ 下的绝缘标称厚度/mm								
	6kV	10kV	20kV	35kV	66kV	110kV	220kV	330kV	500kV
25～185	3.4	4.5	5.5	10.5	14.0	—	—		
240						19.0	—		
300						18.5			
400						17.5	27		
500						17.0			
630						16.5	26		
800							25	30	34
10001200						16.0		29	33
14001600							24		32
18002000	—	—	—	—				28	
22002500									31

注　1. 35kV 及以下的电缆，导体截面积大于 1000mm² 时，可增加绝缘厚度以避免安装和运行时的机械伤害。

　　2. 330kV 和 500kV 电缆，若采购国外产品，可与制造商协商确定绝缘厚度。

绝缘厚度的平均值、任一处的最小厚度和偏心度应符合表 1-4 的规定。

表 1-4 绝缘厚度的要求

项目	6～35kV	66～220kV	330～500kV
绝缘厚度的平均值	$\geqslant t_n$	$\geqslant t_n$	$\geqslant t_n$
任一处的最小厚度	$\geqslant 0.90t_n$	$\geqslant 0.95t_n$	$\geqslant 0.95t_n$
偏心度	$\leqslant 10\%$	$\leqslant 6\%$	$\leqslant 5\%$

注 t_n 为已规定的绝缘标称厚度。偏心度为在同一断面上测得的最大厚度和最小厚度的差值与最大厚度比值的百分数。

66kV 及以上电缆应进行绝缘层杂质、微孔和半导电屏蔽层与绝缘层界面微孔、突起试验，结果要求见表 1-5。

表 1-5 电缆绝缘层杂质、微孔和半导电屏蔽层与绝缘层界面微孔、突起试验要求

电压		检查项目	要求
66 和 110kV	绝缘	大于 0.05mm 的微孔	0
		大于 0.025mm，小于等于 0.05mm 的微孔	$\leqslant 18$ 个/10cm³
		大于 0.125mm 的不透明杂质	0
		大于 0.05mm，小于等于 0.125mm 的不透明杂质	$\leqslant 6$ 个/10cm³
		大于 0.25mm 的半透明深棕色杂质	0
	半导电屏蔽层与绝缘层界面	大于 0.05mm 的微孔	0
	导体半导电屏蔽层与绝缘层界面	大于 0.125mm 进入绝缘层和半导电屏蔽层的突起个数	0
	绝缘半导电屏蔽层与绝缘层界面	大于 0.125mm 进入绝缘层和半导电屏蔽层的突起个数	0
220kV	绝缘	大于 0.05mm 的微孔	0
		大于 0.025mm，小于等于 0.05mm 的微孔	$\leqslant 18$ 个/10cm³
		大于 0.125mm 的不透明杂质	0
		大于 0.05mm，小于等于 0.125mm 的不透明杂质	$\leqslant 6$ 个/10cm³
		大于 0.16mm 的半透明深棕色杂质	0
	半导电屏蔽层与绝缘层界面	大于 0.05mm 的微孔	0
	导体半导电屏蔽层与绝缘层界面	大于 0.08mm 进入绝缘层和半导电屏蔽层的突起个数	0
	绝缘半导电屏蔽层与绝缘层界面	大于 0.08mm 进入绝缘层和半导电屏蔽层的突起个数	0
330 和 500kV	绝缘	大于 0.02mm 的微孔	0
		大于 0.075mm 的不透明杂质	0
	半导电屏蔽层与绝缘层界面	大于 0.02mm 的微孔	0
	导体半导电屏蔽层与绝缘层界面	大于 0.05mm 进入绝缘层和半导电屏蔽层的突起个数	0
	绝缘半导电屏蔽层与绝缘层界面	大于 0.05mm 进入绝缘层和半导电屏蔽层的突起个数	0

绝缘热延伸试验应按有关标准规定进行。应根据电缆绝缘所采用的交联工艺，在认为交联度最低的部分制取试片。66kV 及以上电缆应在绝缘的内、中、外层分别取样。绝

缘热延伸负载下最大伸长率应小于125%，冷却后最大永久伸长率应小于10%。

3. 屏蔽层

屏蔽层多用于10kV及以上的电力电缆，一般都有导体屏蔽层和绝缘屏蔽层。电缆绝缘线芯应设计有分相金属屏蔽。单芯或三芯电缆绝缘线芯的屏蔽应由导体屏蔽和绝缘屏蔽组成。

（1）导体屏蔽：

35kV及以下电缆标称截面积在500mm²以下时，应采用挤包半导电层导体屏蔽，标称截面积在500mm²及以上时应采用绕包半导电带加挤包半导电层复合导体屏蔽。66kV及以上电缆应采用绕包半导电带加挤包半导电层复合导体屏蔽，且应采用超光滑可交联半导电料。

挤包半导电层应均匀地包覆在导体或半导电包带外，并牢固地黏附在绝缘层上。与绝缘层的交界面上应光滑，无明显绞线凸纹、尖角、颗粒、烧焦或擦伤痕迹。

（2）绝缘屏蔽：

绝缘屏蔽应为挤包半导电层，并与绝缘紧密结合。绝缘屏蔽表面及与绝缘层的交界面应均匀、光滑，无明显绞线凸纹、尖角、颗粒、烧焦或擦伤痕迹。

电缆的导体屏蔽、绝缘和绝缘屏蔽应采用三层共挤工艺制造，220kV及以上电缆绝缘线芯宜采用立塔生产线制造。

4. 缓冲层、阻隔层

66kV及以上电缆都设有缓冲层，纵向阻水结构复合和径向不透水阻隔层。

（1）缓冲层：

绝缘屏蔽层外应设计有缓冲层，采用导电性能与绝缘屏蔽相同的半导电弹性材料或半导电阻水膨胀带绕包。绕包应平整、紧实、无皱褶。电缆设计有金属套间隙纵向阻水功能时，可采用半导电阻水膨胀带绕包或具有纵向阻水功能的金属丝屏蔽布绕包结构。电缆设计有导体纵向阻水功能时，导体绞合时应绞入阻水绳等材料。

应确保金属丝屏蔽布中的金属丝与半导电带和金属套良好接触。

（2）径向不透水阻隔层：

应采用铅套或皱纹铝套、平铝套等金属套作为径向不透水阻隔层。铅套应采用符合相关规定的铅合金，皱纹铝套用铝的纯度不低于99.6%。

金属套的标称厚度应符合表1-6的规定。不能满足用户对短路容量的要求时，可采取增加金属套厚度、在金属套内侧或外侧增加疏绕铜丝等措施。

表 1-6　　　　　　　　　　　　　　　　金属套的标称厚度

导体截面积/mm²	66kV 铅套厚度/mm	66kV 皱纹铝套厚度/mm	110kV 铅套厚度/mm	110kV 皱纹铝套厚度/mm	220kV 铅套厚度/mm	220kV 皱纹铝套厚度/mm	330kV 铅套厚度/mm	330kV 皱纹铝套厚度/mm	500kV 铅套厚度/mm	500kV 皱纹铝套厚度/mm
240	2.5	2.0	2.6	2.0	—	—				
300										
400	2.6		2.7		2.7	2.4			—	—
500										
630	2.7		2.8		2.8				3.3	
800	2.8		2.9				3.3	2.9		2.9
1000	2.9	2.3	3.0	2.3		2.6			3.4	3.0
1200	3.0		3.1		2.9		3.4	3.0	3.5	
1400	3.1		3.2		3.0					
1600	3.2		3.3		3.1		3.5	3.1	3.6	3.1
1800										
2000	—	—	—	—	3.2	2.8	3.6	3.2	3.7	3.2
2200					3.3					
2500					3.4		3.7	3.3	3.8	3.3

注　1. 平铝套的厚度参照皱纹铝套厚度或与制造商协商确定。

　　　2. 铅套厚度的平均值不得小于标称值，任一处的最小厚度不得小于标称值的 95%。

　　　3. 皱纹铝套厚度的平均值不得小于标称值，任一处的最小厚度不得小于标称值的 90%。

5. 外护套

66kV 及以上电缆的外护套应采用绝缘型聚氯乙烯或聚乙烯材料，其标称厚度应符合表 1-7 规定。

表 1-7　　　　　　　　　　　　　　　　外护套的标称厚度

电压等级	66kV	110kV	220kV	330kV	500kV
标称厚度/mm	4.0	4.5	5.0	5.5	6.0
最小厚度/mm	3.4	3.8	4.3	4.7	5.1

二、 电缆附件的型式及技术要求

1. 定义

电缆终端和电缆接头统称电缆附件，它们是电缆线路不可缺少的组成部分。电缆终端是安装在电缆线路的两端，具有一定的绝缘和密封性能，使电缆与其他电气设备连接的装置。电缆接头是安装在电缆与电缆之间，使两根及以上电缆导体连通，使之形成连续电路并具有一定绝缘和密封性能的装置。

2. 技术要求

电缆终端与接头主要性能应符合国家现行相关产品标准的规定。结构应简单、紧凑，便于安装。所用材料、部件应符合相应技术标准的要求。

电缆终端与接头型式、规格应与电缆类型如电压等级、芯数、截面、护层结构和环境要求一致。

电缆终端外绝缘爬距应满足所在地区污秽等级要求。在高速公路、铁路等局部污秽严重的区域，应对电缆终端套管涂上防污闪涂料，或者适当增加套管的绝缘等级。

电缆终端套管、绝缘子无破裂，搭头线连接正常；电缆终端应接地良好，各密封部位无漏油。

户外终端的正常使用条件为海拔不超过 1000m。对于海拔超过 1000m，但不超过 4000m 安装使用的户外终端，在海拔不超过 1000m 的地点试验时，其试验电压应按 GB 311.1—2012《绝缘配合　第 1 部分：定义、原则和规则》的 3.4 进行校正。

电缆终端与电气装置的连接，应符合 GB 50149《电气装置安装工程　母线装置施工及验收规范》的有关规定。

电缆终端、设备线夹、与导线连接部位不应出现温度异常现象，电缆终端套管各相相同位置部件温差不宜超过 2K；设备线夹、与导线连接部位各相相同位置部件温差不宜超过 20%。

电缆终端上应有明显的相色标志，且应与系统的相位一致。

电缆终端法兰盘（分支手套）下应有不小于 1m 的垂直段，且刚性固定应不少于 2 处。电缆终端处应预留适量电缆，保证能制作不小于一个电缆终端的裕度。

并列敷设的电缆，其接头的位置宜相互错开。电缆明敷时的接头应用托板托置固定；电缆接头两端应刚性固定，每侧固定点不少于 2 处。

直埋电缆接头盒外面应有防止机械损伤的保护盒（环氧树脂接头盒除外）。电缆接头处宜预留适量裕度，保证能制作不小于一个电缆终端的裕度。

电缆附件应有铭牌，标明型号、规格、制造厂家、出厂日期等信息。现场安装完成后应规范挂设安装牌，包括安装单位、安装人员、安装日期等信息。

3. 高压电缆终端

高压电缆终端一般由下列各部分组成：①内绝缘（有增绕式和电容式两种）；②外绝缘（一般用瓷套或复合套结构）；③密封结构；④出线杆（它与电缆导体的连接有卡装和压接两种）；⑤屏蔽罩。

终端的结构型式按其用途可分为户外终端、GIS（气体绝缘金属封闭开关设备）终端和油浸终端。

交联聚乙烯绝缘电力电缆整体预制式户外终端如图 1-3 所示。其中按外绝缘型式可分为瓷套和复合套。

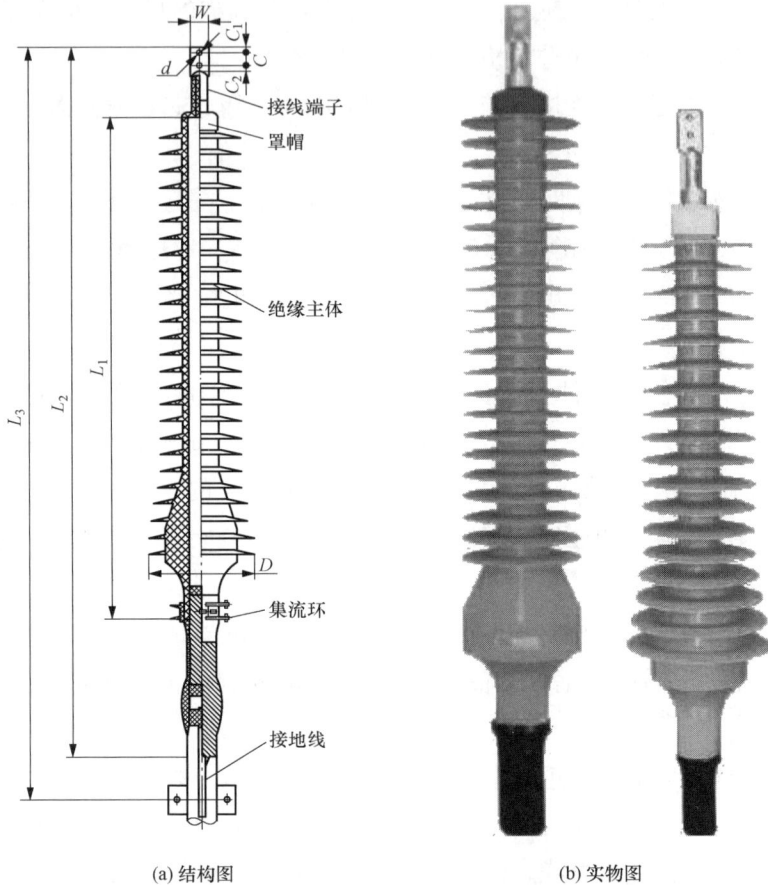

(a) 结构图   (b) 实物图

图 1-3 交联聚乙烯绝缘电力电缆整体预制式户外终端

常用的 110kV 及以上电缆终端主要有干式终端、充油式终端和 GIS 终端几类。

干式终端是由复合套管或瓷套管作为外绝缘，内部有应力锥并填充有不流动弹性体的终端。

GIS 终端是指安装在气体绝缘封闭开关设备（GIS）内部以六氟化硫（SF$_6$）气体为外绝缘的气体绝缘部分的电缆终端。根据环氧套管内是否填充绝缘剂分为干式 GIS 终端和湿式 GIS 终端两类。

4. 高压电缆接头

110kV 及以上电缆接头按用途不同主要有直通接头和绝缘接头两种。绝缘接头其增绕绝缘外缠绕的外屏蔽和金属屏蔽层只分别与两侧电缆本体的对应部分接通，而相互之间必须隔开，而且接头的铜外壳间亦须用绝缘材料隔开，因此用于需要隔断外护层的单芯电缆的连接部位。而直通接头则连通，没有隔断电缆的外护层。

组合预制式中间接头示意图如图 1-4 所示。

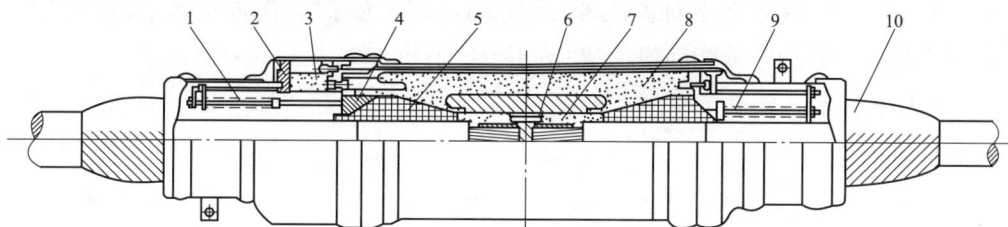

图 1-4 组合预制式中间接头示意图

1—压紧弹簧；2—中间法兰；3—环氧法兰；4—压紧环；5—橡胶预制件；6—固定环氧装置；

7—压接管；8—环氧元件；9—压紧弹簧；10—防腐带

三、 附属设备及技术要求

1. 接地（互联）箱

（1）接地箱：

用于单芯电缆线路中，为降低电缆护层感应电压，将电缆的金属屏蔽（金属套）直接接地或通过过电压限制器后接地的装置，分为电缆护层直接接地箱、电缆护层保护接地箱两种，其中电缆护层保护接地箱中装有护层过电压限制器。

（2）交叉互联箱：

用在长电缆线路中，为降低电缆护层感应电压，依次将一相绝缘接头一侧的金属套和另一相绝缘接头另一侧的金属套相互连接后再集中分段接地的一种密封装置。包括护层过电压限制器、接地排、换位排、公共接地端子等。

（3）技术要求：

接地箱主要由箱体、绝缘支撑板组成。

a）接地箱、交叉互联箱内连接应与设计相符，铜牌连接螺栓应拧紧，连接螺栓无锈蚀现象。箱体完整，门锁完好，开关方便。

b）接地箱、交叉互联箱内电气连接部分应与箱体绝缘。箱体本体不得选用铁磁材料，并应密封良好，固定牢固可靠，满足长期浸水要求，防护等级不低于 IP68。

c）电缆护层过电压限制器配置选择应符合相关要求。限制器和电缆金属护层连接线宜在 5m 内，连接线应与电缆护层的绝缘水平一致。

d）如接地箱、交叉互联箱置于地面上，接地箱、交叉互联箱安装应与基础匹配，膨胀螺栓安装稳固，箱内接地缆出线管口空隙应进行防火泥封堵。

e）接地箱、交叉互联箱箱体正面应有不锈钢设备铭牌，铭牌上应有换位或接地示意图、额定短路电流、生产厂家、出厂日期、防护等级等信息。

f）接地箱和交叉互联箱应有运行编号。

g）金属护层接地电流绝对值应小于100A，或金属护层接地电流/负荷比值小于20%，或金属护层接地电流相间最大值/最小值比值小于3。

2. 同轴（接地）电缆（含回流线）

（1）同轴电缆概念：

同轴电缆是一种电线及信号传输线。电力电缆线路中使用同轴电缆，主要用于电缆交叉互联接地箱、接地箱和电缆金属护层的连接。由于同轴电缆的波阻抗远远小于普通绝缘接地线的波阻抗，与电缆调度波阻抗相近，为减少冲击过电压在交叉换位连接线上的压降，避免冲击波的反射过电压，应采用同轴电缆代替普通绝缘接地线。同轴电缆截面图如图1-5所示。

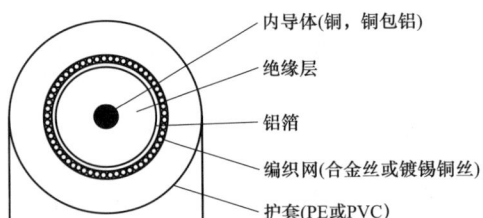

图1-5　同轴电缆截面图

（2）同轴电缆结构：

同轴电缆是指有两个同心导体，而导体又共用同一轴心的电缆。最常见的同轴电缆最内里是一条由内层绝缘材料隔离的内导电铜线，在内层绝缘材料的外面是另一层环形网状导电体，然后整个电缆最外层由聚氯乙烯或特氟纶材料包住，作为外绝缘护套。

（3）同轴电缆技术要求：

同轴电缆的绝缘水平不得低于电缆外护套的绝缘水平，截面应满足系统单相接地电流通过时的热稳定要求。电缆线芯连接金具，应采用符合标准的连接管和接线端子，其内径应与电缆线芯紧密配合，间隙不应过大。截面积宜为线芯截面积的1.2～1.5倍。采用压接时，压接钳和模具规格应符合要求。

（4）回流线的定义及技术要求：

单芯电缆金属屏蔽（金属套）单端接地时，为抑制单相接地故障电流形成的磁场对外界的影响和降低金属屏蔽（金属套）上的感应电压，沿电缆线路敷设一根阻抗较低的接地线。

3. 线路避雷器

（1）定义：

用于保护电气设备免受高瞬态过电压危害并限制续流时间和续流幅值的一种电器。电缆终端平台避雷器实物图如图1-6所示。

（2）技术要求：

a）避雷器外绝缘爬距应满足所在地区污秽等级的要求。

b）避雷器外观连接法兰、连接螺栓不应存在严重锈蚀或油漆脱落现象。

c）避雷器底座绝缘电阻应根据 Q/GDW 454—2010《金属氧化物避雷器状态评价导则》附录 A：测量值不小于 100MΩ 的要求进行判别。

d）避雷器连接端子及引流线热点温度不应超过 80℃，相对温差不应超过 20%。

e）避雷器安装位置便于在线监测，配套在线监测仪应安装到位，监测仪视读方便。

f）计数器上引线应绝缘良好，前后两次测量值不应明显下降。

4. 护层保护器

（1）定义：

串接在电缆金属屏蔽（金属套）和大地之间，用来限制在系统暂态过程中金属屏蔽层电压的装置。护层保护器实物图如图 1-7 所示。

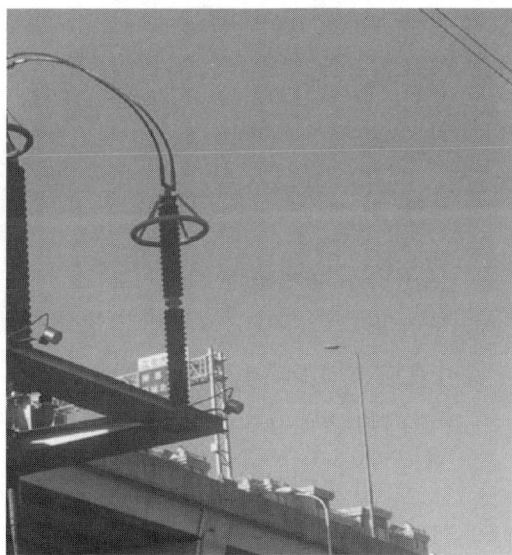

<table>
<tr><td>图 1-6　电缆终端平台避雷器实物图</td><td>图 1-7　护层保护器实物图</td></tr>
</table>

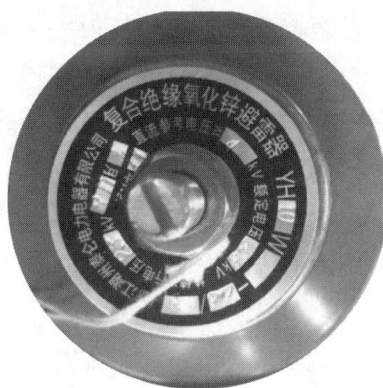

（2）技术要求：

过电压护层保护器绝缘电阻：1000V 绝缘电阻表的测量要求是大于 10MΩ。

四、　电缆通道及技术要求

1. 隧道

（1）定义：

电缆隧道是指用于容纳大量敷设在电缆支架上的电缆的走廊或隧道式构筑物。电缆隧道实物图、电缆隧道巡视图分别如图 1-8、图 1-9 所示。

图 1-8　电缆隧道实物图

图 1-9　电缆隧道巡视图

（2）技术要求：

a）隧道应按照重要电力设施标准建设，应采用钢筋混凝土结构；主体结构设计使用年限不应低于 100 年；防水等级不应低于二级。

b）隧道的净宽不宜小于单侧支架时支架与隧道壁 900mm，双侧支架时支架间净距 1000mm 的规定。

c）隧道应有不小于 0.5% 的纵向排水坡度，底部应有流水沟，必要时设置排水泵，排水泵应有自动启闭装置。

d）隧道结构应符合设计要求，坚实牢固，无开裂或漏水痕迹。

e）隧道出入通行方便，安全门开启正常，安全出口应畅通。在公共区域露出地面的出入口、安全门、通风亭位置应安全合理，其外观应与周围环境景观相协调。

f）隧道内应无积水，无严重渗、漏水；隧道内可燃、有害气体的成分和含量不应超标。

g）隧道配套各类监控系统安装到位，调试、运行正常。

h）隧道工作井人孔内径应不小于 800mm，在隧道交叉处设置的人孔不应垂直设在交叉处的正上方，应错开布置。

i）隧道三通井、四通井应满足最高电压等级电缆的弯曲半径要求，井室顶板内表面应高于隧道内顶 0.5m，并应预埋电缆吊架，在最大容量电缆敷设后各个方向通行高度不低于 1.5m。

j）隧道宜在变电站、电缆终端站及路径上方每 2km 适当位置设置出入口，出入口下方应设置方便运行人员上下的楼梯。

k）隧道内应建设低压电源系统，并具备漏电保护功能，电源线应选用阻燃电缆。

l）隧道宜加装通信系统，满足隧道内外语音通话功能。

m）隧道上电力井盖可加装电子锁及集中监控设备，实现隧道井盖的集中控制、远程开启、非法开启报警等功能，井盖集中监控主机应安装在与隧道相连的变电站自动化室内。

2. 保护管

（1）定义：

将电缆敷设于预先建设好的地下排管中的安装方法，称为电缆排管敷设。

（2）技术要求：

a）排管在选择路径时，应尽可能取直线，在转弯和折角处，应增设工作井。在直线部分，两工作井之间的距离不宜大于150m，排管连接处应设立管枕。

b）排管要求管孔无杂物，疏通检查无明显拖拉障碍。

c）排管管道径向段应无明显沉降、开裂等迹象。

d）排管的内径不宜小于电缆外径或多根电缆包络外径的1.5倍，一般不宜小于150mm。

e）排管在10%以上的斜坡中，应在标高较高一端的工作井内设置防止电缆因热伸缩而滑落的构件。

f）35～220kV排管和18孔及以上的6～20kV排管方式应采取（钢筋）混凝土全包封防护。

g）排管端头宜设工作井，无法设置时，应在埋管端头地面上方设置标识。

h）排管上方沿线土层内应铺设带有电力标识的警示带，宽度不小于排管。

i）用于敷设单芯电缆的管材应选用非铁磁性材料。

j）管材内部应光滑无毛刺，管口应无毛刺和尖锐棱角，管材动摩擦系数应符合相关规定。

3. 电缆沟

（1）定义：

封闭式不通行、盖板与地面相齐或稍有上下、盖板可开启的电缆构筑物为电缆沟。电缆沟典型结构形式见图1-10。

（2）技术要求：

a）电缆沟净宽不宜小于《电力电缆线路管沟运行规程》的相关规定。

b）电缆沟应有不小于0.5%的纵向排水坡度，并沿排水方向适当距离设置集水井。

c）电缆沟应合理设置接地装置，接地电阻应小于5Ω。

d）在不增加电缆导体截面且满足输送容量要求的前提下，电缆沟内可回填细砂。

e）电缆沟盖板为钢筋混凝土预制件，其尺寸应严格配合电缆沟尺寸。盖板表面应平整，四周应设置预埋件的护口件，有电力警示标识。盖板的上表面应设置一定数量的供搬运、安装用的拉环。

4. 直埋

（1）定义：

将电缆敷设于地下沟道中，沿沟底和电缆上覆盖有软土层或砂，且设有保护板再埋齐地坪的敷设方式称为电缆直埋敷设。电缆直埋敷设方式示意图见图1-11。

图1-10　电缆沟典型结构形式

图1-11　电缆直埋敷设方式示意图

（2）技术要求：

a）直埋电缆的埋设深度是一般由地面至电缆外护套顶部的距离不小于0.7m，穿越农田或在车行道下时不小于1m。在引入建筑物、与地下建筑物交叉及绕过建筑物时可浅埋，但应采取保护措施。

b）敷设于冻土地区时，宜埋入冻土层以下。当无法深埋时可埋设在土壤排水性好的干燥冻土层或回填土中，也可采取其他防止电缆受损的措施。

c）电缆周围不应有石块或其他硬质杂物及酸、碱强腐蚀物等，沿电缆全线上下各铺设100mm厚的细土或沙层，并在上面加盖保护板，保护板覆盖宽度应超过电缆两侧各50mm。

d）直埋电缆在直线段每隔30～50m处、电缆接头处、转弯处、进入建筑物等处，应设置明显的路径标志或标桩。

5. 桥架桥梁

（1）定义：

为跨越河道，将电缆敷设在交通桥梁或专用电缆桥上的安装方式称为电缆桥梁敷设。电缆桥架又名电缆托架，由托盘或梯架的直线段、弯通、组件及托臂（悬臂支架）、吊架等构成具有密集支撑电缆的刚性结构系统的全称。电缆桥架实物图见图1-12。

（2）技术要求：

a）电缆桥架钢材应平直，无明显扭曲、变形，并进行防腐处理，连接螺栓应采用防

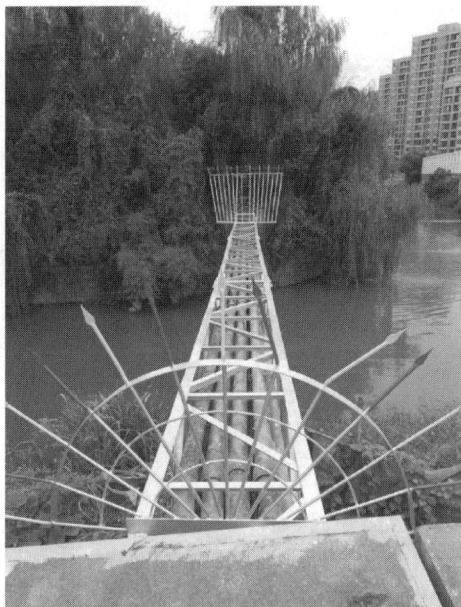

图 1-12　电缆桥架实物图

盗型螺栓。

b）电缆桥架两侧围栏应安装到位，宜选用不可回收的材质，并在两侧悬挂"高压危险、禁止攀登"的警告牌。

c）电缆桥架两侧基础保护帽应用混凝土浇注到位。

d）当直线段钢制电缆桥架超过 30m、铝合金或玻璃钢制电缆桥架超过 15m 时，应有伸缩缝、其连接宜采用伸缩连接板，电缆桥架跨越建筑物伸缩缝处应设置伸缩缝。

e）电缆桥架全线均应有良好的接地。

f）电缆桥架转弯处的转弯半径，不应小于该桥架上的电缆最小允许弯曲半径的最大者。

g）悬吊架设的电缆与桥梁架构之间的净距不应小于 0.5m。

6. 综合管廊

（1）定义：

在城市地下建造的市政公用隧道空间，将电力、通信、供水等市政公用管线，根据规划的要求集中敷设在一个构筑物内，实施统一规划、设计、施工和管理。综合管廊实物图见图1-13。

图 1-13　综合管廊实物图

（2）技术要求：

a）电缆舱应按照电力相关规程规定的电缆通道型式，满足国家及行业标准中电力电缆与其他管线的间距要求，综合考虑各电压等级电缆敷设、运行、检修的技术条件进行建设。

b）电缆舱内不得有热力、燃气等其他管道。

c）通信等线缆与高压电缆应分开设置，并采取有效的防火隔离措施。

d）电缆舱具有排水、防积水和防污水倒灌等措施。

e）除按国家标准设有火灾、水位、有害气体等监测预警设施并提供监测数据接口外，还需预留电缆本体在线监测系统的通信通道。

第二章　电缆附件的结构及制造工艺

一、 高压电缆附件

1. 应力锥和接头主体

应力锥和接头主体是整个电缆附件最关键的部分，应力锥和接头主体现多采用橡胶成型，目前常用的为硅橡胶和三元乙丙橡胶，原材料和生产过程控制对产品质量都非常关键，对环境温度、湿度均有要求，原材料的进厂检验、储存和生产制造过程各个环节都需严格把控。

（1）生产环境要求：

应力锥和接头主体的生产过程包含半导电配件成型、绝缘成型两个过程，两个过程对生产区域的要求也不相同，主要有以下几点：

1）原材料储存：必须做到恒温（25～35℃）、恒湿（相对湿度小于50%），在储存过程中继续减少材料的吸水。房间要配备必要的防火、灭火装置，储存区域还应保持高洁净度。

2）绝缘注射成型区：

硅橡胶：生产场地要求为恒温恒湿（25℃左右，相对湿度小于50%）、高洁净度（10万级及以上）的绝缘净化密闭车间。尽可能减少生产环境温湿度、洁净度的变化对制品质量的影响。

三元乙丙橡胶：生产场地要求为恒温恒湿（25～35℃，相对湿度小于50%）、高洁净度（10万级及以上）的绝缘净化密闭车间。尽可能减少生产环境温湿度、洁净度的变化对制品质量的影响。

3）半导电配件注射成型区：生产场地要求恒温恒湿的车间。尽可能减少生产环境温湿度变化对制品质量的影响。

4）绝缘模具装脱模区：场地要求恒温恒湿的净化密闭车间。尽可能减少生产环境温湿度、洁净度的变化对制品质量的影响。模具的装模、脱模等使用自动化设备，减少人工，提高效率。

5）半导电模具装脱模区：生产场地要求恒温恒湿的密闭车间。尽可能减少生产环境温湿度、洁净度的变化对制品质量的影响。

6）绝缘产品及半导电产品硫化工序：硫化过程中需要加热，会有大量的热及气体挥发，应减少外部环境温度变化对产品硫化造成的影响。

7）产品及配件清洗区：需要使用工业酒精和无水乙醇，现场应配备必需的通风、防火、灭火措施，设有安全门、安全通道等。

8）车间需要考虑行车、电动叉车、模具转运车、材料转运柜、产品转运车等各种车辆设备的配置。

9）车间还需考虑配备压缩空气及压缩空气净化处理设施。净化车间图片见图 2-1。

（2）主要生产设备：

1）硅橡胶预制成型：

硅橡胶工厂预制成型生产设备多为注胶设备，根据所选材料的不同特性选择不同的注胶设备，注胶设备、接头绝缘注橡成型设备、应力锥绝缘注胶成型设备如图 2-2～图 2-4 所示。

生产附件应力锥和接头主体的生产设备可分为以下几大类：

a）环境控制设备：空调、净化除尘设备、风淋室。

b）原材料准备：材料混炼设备、配料设备和预处理设备。

c）橡胶成型：装脱模设备、注胶机、硫化设备、转运设备、起吊设备等。

d）后续处理：打磨抛光设备、车床等。

图 2-1　净化车间图片

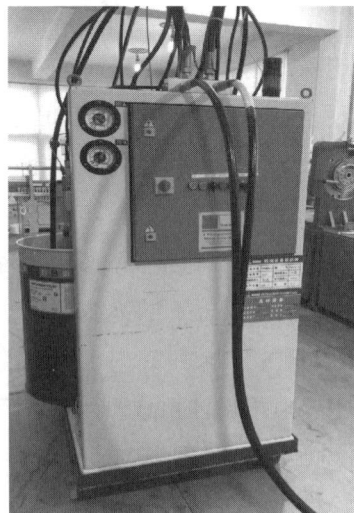

图 2-2　注胶设备

图 2-3　接头绝缘注橡成型设备

图 2-4　应力锥绝缘注胶成型设备

2）三元乙丙橡胶注射成型：

三元乙丙橡胶基材注射成型前需要按特定的配方工艺进行配料混料，设备为专用投料混料设备。投料混料设备见图 2-5。

图 2-5　投料混料设备

三元乙丙橡胶成型设备多为注橡设备，设备生产过程中采用全电脑自动控制，入料准确，温度控制精确，性能稳定，满足橡胶绝缘件一次注射成型的要求，如图 2-6 所示为橡胶注射成型机，生产附件应力锥和接头主体的生产设备可分为以下几大类：

a）环境控制设备：空调、净化除尘设备、风淋室。

b）原材料准备：材料混炼设备、配料设备和预处理设备。

c）橡胶成型：装脱模设备、注橡机、硫化设备、转运设备、起吊设备等。

d）后续处理：打磨抛光设备、车床等。

图 2-6　橡胶注射成型机

（3）生产过程：

应力锥、接头生产过程主要包括半导电成型、绝缘注胶成型、硫化、脱模、后续加工等几个环节。

1）半导电成型：

a）材料进厂：检测材料电气性能、机械性能、成型性能等。

b）混炼：原材料的配料混料密炼。注意：硅橡胶一般无此工序。

c）半导电成型：半导电套配件，经注射、硫化、脱模等形成半导电半成品，后续待用。

d）后处理：去飞边、打磨、清洗，检验产品是否有其他杂质。

e）入定置区域、待用：对产品进行最后的目视检验，包括产品外观、尺寸及标识等。

2）绝缘成型：

a）材料进厂：检测材料电气性能、机械性能、成型性能等。

b）绝缘料混炼：材料的配料混料密炼。注意：硅橡胶一般无此工序。

c）绝缘料与半导电配件一起注射成型：注胶成型包括绝缘模具清理，半导电配件清洗，装模，模具预热，待温度达到合适温度后注射成型，然后进入硫化环节，硫化完成后冷却脱模。

d）后处理：包括去飞边、打磨、检查是否含有其他杂质等，脱模之后的产品经检验合格后可按照尺寸进行车切加工。

e）电气试验：参考国家相关标准做电气性能试验，包括工频耐压、局部放电试验等。

f）清洗烘干：对试验通过的产品进行清洗，并做烘干处理，烘干温度不可过高。

g）包装入库：对产品进行最后的目视检测，包括产品外观、标识等。

（4）质量管控：

1）原材料的质量管控：

用于应力锥、中间接头成型的原材料主要包括绝缘料和半导电材料。其性能测试应严格按照国家标准进行检验。合格后有材料合格报告单方可入库使用。

绝缘料的质量控制包括黏度、硬度、硫化曲线、抗张强度、断裂伸长率、抗撕裂强度、黏接性能、体积电阻率、击穿强度、介质损耗角正切、介电常数、热老化性能、压缩性能及颜色等全面的性能测试。

半导电材料的质量控制包括黏度、硫化曲线、硬度、抗张强度、断裂伸长率、抗撕裂强度、体积电阻率、热老化性能、压缩性能及颜色等全面的性能测试。

2）生产过程的质量管控：

要想制造出好的产品，不仅需要有好的原材料，还需要有好的工艺及过程控制。具体管控包括硫化温度、硫化时间、注射压力、注射速度、注射时间。

温度的控制主要包括模具预热温度、注射时的材料温度、产品硫化温度。每个温度都要求实时测量并做好记录，确保产品的硫化完全。

时间的控制主要包括模具预热时间、产品注射时间、硫化时间。每个时间都要求实时记录，确保产品质量稳定，硫化完全。

注射速度和压力决定产品的致密度和结合等问题，要求操作人员必须按工艺操作并做好记录。

3）应力锥、接头的质量检测：

a）半导电配件。

硬度：判断产品硫化程度。

外观：没有硬胶、开裂、气泡、杂质等问题，关键位置无流痕、花纹。

尺寸：尺寸大小符合图纸要求。

标示：标示及编码齐全。

b）绝缘件。

硬度：判断产品硫化程度。

外观：没有硬胶、开裂、气泡、杂质、结合不好、擦伤、飞边、印痕等问题，关键位置无流痕、花纹。

尺寸：尺寸大小符合图纸要求。

标示：标示及编码齐全。

试验：将绝缘件与电缆预装配，在能有效模拟绝缘件实际应用情况下，按标准要求进行电气出厂试验。

监造过程中，电力电缆应力锥和机头主体监造项目明细表见表2-1。

表 2-1   电力电缆应力锥和机头主体监造项目明细表

序号	监造项目	见证内容
1	原材料	核对供应商文件与合同内容是否一致
		查验原材料供方出厂质量文件
		原材料进厂检测要求及报告
		原材料混炼后的检测报告
2	生产过程	生产过程作业指导书
		操作过程与作业指导书一致
3	出厂试验	查看试验项目及方法
		查验试验设备的校检标识及证书
		现场见证试验过程

2. 环氧树脂绝缘件

环氧树脂材料具有良好的黏附性、电气绝缘性、耐湿性、耐化学性及机械加工性能，在电工行业中得到了广泛的应用。目前，国内外电工行业中所使用的环氧树脂绝缘件主要采用环氧浇注成型。

（1）生产环境要求：

环氧树脂绝缘件要求制品内外表面无杂质、无气孔、表面光滑、色泽均匀，绝缘层与金属层黏接良好、无气隙，绝缘体内部无缺陷、结构致密无分层。为满足上述质量要求，制造环氧绝缘件的生产基地一般要满足以下两个条件：

1）生产场地洁净度高、温湿度稳定。目前，国内外一些大型的环氧树脂绝缘件生产企业尽可能控制生产环境温湿度、洁净度的变化对制品质量的影响。

2）自动化程度高。随着环氧树脂绝缘件生产设备技术水平的提高，环氧真空浇注的生产方式发展到静态混料、全自动连续式生产方式。

（2）主要设备：

全自动连续式环氧真空浇注设备主要由树脂预热熔融系统、填料色料解袋站、填料干燥系统、树脂填料预混料系统、固化剂预处理系统、静态混料器及树脂浇注系统、在线计量系统及电控单元等几部分组成。所有的操作、工艺参数设置及控制均可通过计算机系统和操作面板完成。全自动连续式环氧真空浇注设备如图 2-7 所示。

（3）生产过程：

生产过程主要包括原材料的预处理、混料、浇注（压注）、产品固化及脱模等几个环节。

1）原材料的预处理：

原材料预处理是在一定温度下加热至一定时间并经过真空处理以脱去原材料中吸附

图 2-7　全自动连续式环氧真空浇注设备

的水分、气体及低分子挥发物，达到原材料洁净、干燥的目的。

2）混料：

混料的目的是使环氧树脂、填料、固化剂及其他辅料等混合均匀，便于进行后续的固化反应。

静态混料是指在制品生产过程中，预混料、固化剂按照工艺配比自动计量后进入静态混料器，通过静态混料器的混合作用，在极短的时间内将预混料和固化剂混合均匀，并进入浇注管路。

3）浇注：

浇注是指将组装好并预热到一定温度的模具放入真空浇注罐中，浇注罐控制在一定的温度及真空度下，将上述混合料在一定的浇注速度下浇入模具内，浇注完成后继续维持一段时间的真空，然后再关闭真空、打开浇注罐，将模具送入固化炉进行固化。

4）产品固化及脱模：

环氧树脂绝缘件的固化分为一次固化（也叫初固化）和二次固化（也叫后固化）。

（4）质量管控：

环氧树脂绝缘件的质量管控主要包括原材料的质量管控、制品成型过程的质量管控。

1）原材料的质量管控：

环氧树脂绝缘件制造的原材料主要包括环氧树脂、固化剂、填料、其他辅料。

在确定原材料后，要管控好原材料的进厂检验工作。原材料的进厂检验主要分为外观检验、参数指标检测和固化物的技术性能指标检测，包括外观、凝胶时间、黏度、玻璃化温度、电气绝缘性能、机械性能等。

2）生产过程的质量管控：

环氧树脂绝缘件容易出现的质量问题主要表现为气泡、开裂、缩痕、缩孔、杂质、性能不足等。而出现上述质量问题的主要因素包括温度、时间、真空度、浇注速度（注料速度）及一些人为因素等。

3）环氧树脂绝缘件的质量检测：

环氧树脂绝缘件质量检测包括初步的外观检测、尺寸测量及产品的性能检测，必要时还需要进行 X 光无损检测。

初步的外观检测、尺寸测量主要包括对制品内外表面的杂质、缩痕、缩孔、流痕、气孔、色差、开裂、产品的关键尺寸等质量状况进行检查，确保产品外观、关键储存符合技术要求。

制品的性能检测主要包括对制品进行规定电压下的局部放电、工频耐压等电气性能方面的检查，必要时进行 X 光无损检测，确保最终的制品符合国家技术标准要求。

监造过程中，电力电缆环氧绝缘件监造项目明细表见表 2-2。

表 2-2　　　　　　　　　　电力电缆环氧绝缘件监造项目明细表

序号	监造项目	见证内容
1	原材料	核对供应商文件与合同内容是否一致
		查验原材料供方出厂质量文件
		原材料进厂检测要求及报告
2	生产过程	生产过程作业指导书
		操作过程与作业指导书一致
3	出厂试验	查看试验项目及方法
		查验试验设备的校检标识及证书
		现场见证试验过程

二、 中低压附件

1. 生产环境的要求

（1）原材料储存区域：必须做到恒温（25～35℃）、恒湿（小于 50％），已经检验合格的材料和未检验或检验不合格的材料要分开放置。房间要配备必要的防火、灭火装置。配备温度、湿度测量装置并每天做好记录。

（2）半导电配件注射成型区：生产场地要求通风，尽可能减少生产环境温湿度变化对制品质量的影响。

（3）绝缘注射成型区：生产场地要求通风。尽可能减少生产环境温湿度、洁净度的变化对制品质量的影响。

（4）绝缘产品二次硫化车间：因为硫化过程中需要加热，会有大量的热及气体挥发到车间空间中，所以要做好降温、通风措施。同时也要做必要的保温措施，减少外部环境温度变化对产品硫化造成大的影响。同时要准备必要的防火措施。

（5）产品及配件清洗区：因为需要使用工业酒精和无水乙醇，所以现场要配备必须的通风、防火、灭火措施，要有安全门，安全通道等。

（6）中间接头刷漆、配漆区：要做好通风，人员防护，以及防火、灭火措施。

（7）监控措施要到位：注射成型区、二次硫化区、原材料储存、转运等各个区域要有有效的监控。监控包括摄像监控，按时、按频次的温度监控记录，设备卫生、场地卫生检查等。减少因环境、设备温度、压力、人为等各种偏差而造成的产品质量不稳定问题。

（8）车间需要考虑行车、模具转运车、产品转运车等各种车辆的配备。

（9）车间需考虑配备压缩空气及压缩空气净化处理。

（10）生产所用的模具应做好对应的防护。

2. 生产过程

中低压附件生产过程主要包括半导电材料检验，半导电成型，绝缘检验，注橡成型、硫化、脱模，后加工等几个环节。

（1）半导电材料检验：

半导电材料经入厂检验合格方可入库，由专人开具领料单及进行相关操作后可以进入生产环节。

（2）半导电成型：

操作人员注橡成型半导电配件，经硫化、脱模、检验，然后经去除飞边、打磨之后入库备用。

（3）绝缘检验：

绝缘材料经入厂检验合格方可入库，由专人开具领料单及进行相关操作后可以进入生产环节。确保绝缘成型所用的材料都是合格的。

（4）注橡成型、硫化、脱模：

注橡成型包括绝缘模具清理，半导电配件清洗，装模，模具预热，待温度达到合适温度后注射成型，然后进入硫化环节，硫化完成后冷却脱模。橡胶注射成型机见图 2-8。

（5）后加工：

脱模之后的产品经检验合格后可按要求进行二次硫化，中间接头需要进行刷漆，然后清洗入库。

3. 质量管控

（1）原材料的质量管控：

用于成型中低压附件的原材料主要包括硅橡胶绝缘料和硅橡胶半导电材料。其性能测试严格按照国家标准、企业标准进行每批次检验。按照进厂报检，每批随机抽样，制片，经实验室测试并出具实验报告，合格则由质检出具材料合格报告单后方可入库。

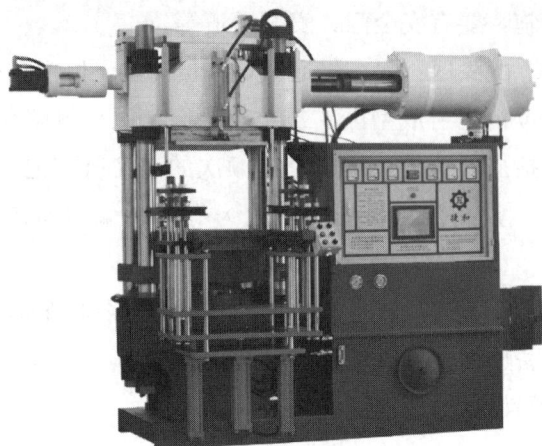

图 2-8　橡胶注射成型机

1）硅橡胶绝缘料：

对硅橡胶绝缘料的质量控制包括常规的颜色、黏度、硬度、抗张强度、断裂伸长率、抗撕裂强度、黏接性能、定伸强度、体积电阻率、击穿强度、介质损耗角正切、介电常数、耐漏电痕迹检测；非常规检测为定期检查，包括热老化性能、拉伸永久变形性能、耐紫外线等性能测试。

2）硅橡胶半导电材料：

硅橡胶半导电材料的质量控制包括常规的颜色、黏度、硬度、抗张强度、断裂伸长率、抗撕裂强度、黏接性能、体积电阻率检测；非常规检测为定期检查，包括热老化性能、拉伸永久变形性能等全面的性能测试。

（2）生产过程的质量管控：

半导电配件成型及检验，绝缘成型及检验；具体管控包括硫化温度，硫化时间，注射压力，注射速度，注射时间。

1）温度：

温度的控制主要包括模具预热温度，注射时的材料温度，产品硫化温度。每个温度的都要求实时测量并做好记录，确保产品的硫化完全。

2）时间：

时间的控制主要包括模具预热时间，产品注射时间，硫化时间。每个时间都要求实时记录，确保产品质量稳定、硫化完全。

3）注料速度、压力：

注射速度和压力决定产品的致密度和结合等问题，要求操作师傅必须按工艺操作并做好记录。

4. 中低压附件的质量检测

（1）半导电配件：

硬度：判断产品硫化程度。

外观：没有硬胶、开裂、气泡、杂质等问题，关键位置无流痕、花纹。

尺寸：尺寸大小符合图纸要求。

（2）绝缘件：

硬度：判断产品硫化程度。

外观：没有硬胶、开裂、气泡、杂质、结合不好、擦伤、飞边、印痕等问题，关键位置无流痕、花纹。

尺寸：尺寸大小符合图纸要求。

标示：标示及编码齐全。

试验：通过相关标准要求的性能试验。

第三章　电力电缆交接试验

第一节　总　则

电缆及其附件在敷设和安装完毕后，由于安装、运输及现场敷设等因素，即使已通过出厂试验的电缆及附件的电气性能也可能遭受影响。因此，为了验证电缆线路的可靠性，避免在施工过程中出现的缺陷影响电缆线路的安全运行，需要通过试验的方法进行验收，这一类试验称为交接试验。本部分介绍了交联聚乙烯（XLPE）绝缘电缆线路交接试验的方法，通过对电缆交接试验项目和标准的介绍，使学员掌握电缆线路交接试验的要求和内容。

电缆交接试验项目：

（1）主绝缘及外护套绝缘电阻测量。

（2）主绝缘交流耐压试验。

（3）外护套直流耐压试验。

（4）检查电缆线路两端的相位。

（5）金属屏蔽层（金属套）电阻和导体电阻比测量。

（6）交叉互联系统试验。

（7）避雷器试验。

（8）线路参数试验。

（9）接地电阻测量。

第二节　主绝缘及外护套绝缘电阻测量

（一）试验目的

测量绝缘电阻是检查电缆线路绝缘状态最简单、最基本的方法。测量绝缘电阻一般使用绝缘电阻表，可以检查出电缆主绝缘或外护套是否存在明显的缺陷或损伤。

（二）理论知识

电缆线路的绝缘电阻大小同加在电缆导体上的直流测量电压及通过绝缘的泄漏电流有关，绝缘电阻和泄漏电流的关系符合欧姆定律，即

$$R = \frac{U}{I} \tag{3-1}$$

绝缘电阻的大小取决于绝缘的体积电阻和表面电阻的大小，把直流电压 U 和绝缘的体积电流 I_v 之比称为体积电阻 R_v，U 和表面泄漏电流 I_S 之比称为表面电阻 R_S，即

$$R_v = \frac{U}{I_v} \tag{3-2}$$

$$R_S = \frac{U}{I_S} \tag{3-3}$$

正确反映电缆绝缘品质的是绝缘的体积电阻 R_v。

（三）技术要求

（1）测量绝缘电阻时，应分别在电缆的每一相上进行。对一相进行测量时，其他两相导体、金属屏蔽或金属套和铠装层一起接地，电缆绝缘电阻试验接线如图 3-1 所示。试验结束后应对被试电缆进行充分放电，电缆外护套绝缘电阻试验接线如图 3-2 所示。

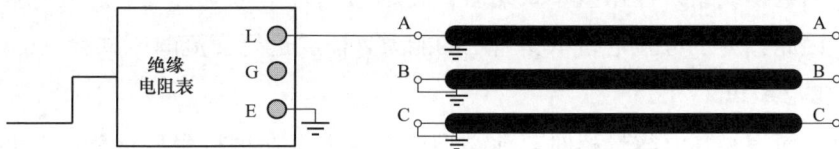

图 3-1　电缆绝缘电阻试验接线

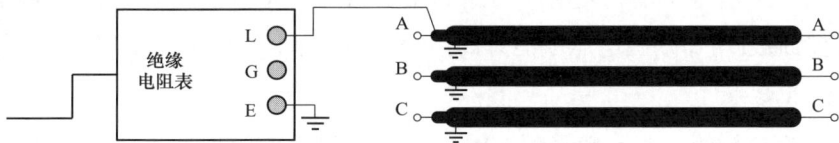

图 3-2　电缆外护套绝缘电阻试验接线

（2）电缆主绝缘电阻测量应采用 2500V 及以上电压的绝缘电阻表，外护套绝缘电阻测量宜采用 1000V 绝缘电阻表。

（3）耐压试验前后，绝缘电阻应无明显变化。电缆外护套绝缘电阻不低于 $0.5\mathrm{M}\Omega \cdot \mathrm{km}$。

（四）主要设备

手摇式绝缘电阻表、电子式绝缘电阻表分别见图 3-3、图 3-4。

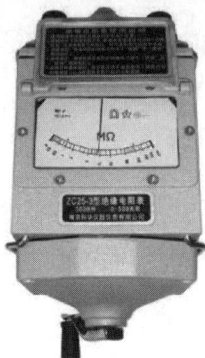

图 3-3　手摇式绝缘电阻表

图 3-4　电子式绝缘电阻表

第三节　主绝缘交流耐压试验

（一）试验目的

交流耐压试验是电缆敷设完成后进行的基本试验，是判断电缆线路是否可以运行的基本方法。当电缆线路中存在微小缺陷时，在运行过程中可能会逐渐发展成局部缺陷或整体缺陷。因此，为了考验电缆承受电压的能力，需要进行交流耐压试验。

（二）理论知识

对于电缆而言，其电容量相对其他类型设备较大，在进行耐压试验时，要求试验电压高、试验设备容量大，现场往往难以解决。为了克服这种困难，采用串联电抗器谐振的方法进行耐压试验，通过调节试验回路的频率 ω，使得 $\omega L = 1/\omega C$，此时回路形成谐振，这时的频率为谐振频率。设谐振回路品质因数为 Q，被试电缆上的电压为励磁电压的 Q 倍，这时通过增加励磁电压就能升高谐振电压，从而达到试验目的。

（三）技术要求

（1）电缆交流耐压试验一般采用 20～300Hz 的谐振交流电压，电缆变频串联谐振试验接线如图 3-5 所示。

（2）对电缆做耐压试验时，应分别在每一相上进行。对一相进行试验时，其他两相导体、金属屏蔽或金属套一起接地。试验结束后应对被试电缆进行充分放电。

（3）对金属屏蔽或金属套一端接地，另一端装有护层电压限制器的单芯电缆主绝缘做耐压试验时，必须将护层电压限制器短接，使这一端的电缆金属屏蔽或金属套临时接地。对于采用交叉互联接地的电缆线路，应将交叉互联箱进行分相短接处理，并将护层电压限制器短接。

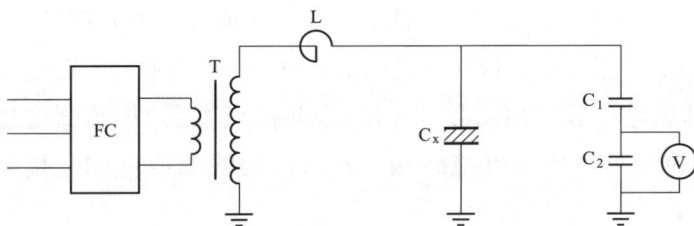

图 3-5 电缆变频串联谐振试验接线

FC—变频电源；T—励磁变压器；L—串联电抗器；

C_x—被试电缆等效电容；C_1、C_2—分压器高、低压臂电容

（4）20～300Hz 交流耐压试验电压及时间见表 3-1。

表 3-1   20～300Hz 交流耐压试验电压及时间

额定电压 U_0/U/kV	试验电压		时间/min
	新投运线路或不超过 3 年的非新投运线路	非新投运线路	
48/66	$2U_0$	$1.6U_0$	60
64/110			
127/220			
190/330	$1.7U_0$	$1.36U_0$	
290/500			

注 非新投运线路指由于线路切改或故障等原因重新安装电缆附件的电缆线路。对于整相电缆和附件全部更换的线路，试验电压和耐受时间按照新投运线路要求执行。

（5）对于 66kV 及以上高压电缆线路，在进行耐压试验的同时应开展分布式局部放电测试，高压电缆分布式局部放电测试示意图如图 3-6 所示，并应满足以下要求：

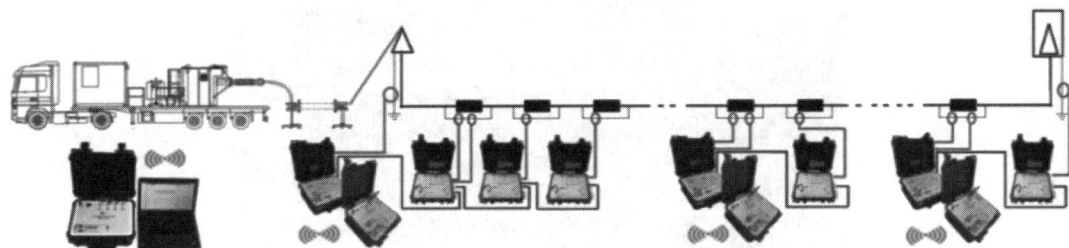

图 3-6 高压电缆分布式局部放电测试示意图

1）对电缆的主绝缘做变频谐振试验下的局部放电检测，应分别在每一相上进行。对一相进行试验或测量时，其他两相导体、金属屏蔽或金属套一起接地。

2）对金属屏蔽或金属套采用交叉换位或者单端接地方式的单芯电缆，交叉互联箱内应将同一相的连接端用绝缘软线短接，截面积应大于或等于原有铜排截面积，短接线用螺母拧紧固定，保证接触良好，同时电缆两端金属屏蔽或金属套临时接地。

3）测量局部放电一般采用高频 TA 传感器进行检测，传感器应覆盖每个中间接头及终端，安装位置可选择在电缆终端、接头接地线处或终端、接头附近的电缆本体上。

4）测量结果应无可见局部放电异常信号。

（四）主要设备

谐振交流耐压试验设备包括变频电源、励磁变压器、电抗器及分压器等设备。部分厂家在试验设备生产中采用车载化设计，减少试验接线，提高试验效率。分体式谐振耐压试验设备与车载式谐振耐压设备如图 3-7、图 3-8 所示。

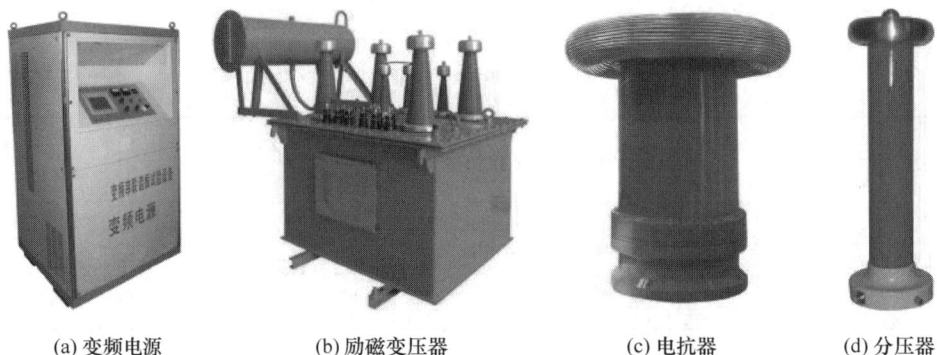

(a) 变频电源　　(b) 励磁变压器　　(c) 电抗器　　(d) 分压器

图 3-7　分体式谐振耐压试验设备

图 3-8　车载式谐振耐压试验设备

第四节　外护套直流耐压试验

（一）试验目的

对于单芯电缆，需要对其外护套进行直流耐压试验，检查外护套是否存在绝缘缺陷，确保在正常运行期间外护套能够承受金属护层上的感应电压。

（二）理论知识

高压单芯电缆在运行时，由于导体电流的电磁感应，会在金属护套上产生感应电压。如外护套破损，将在金属护套上形成环流，环流的存在会降低电缆载流量，严重者可导致护套腐蚀，进而引发绝缘击穿事故。

（三）技术要求

外护套试验接线如图 3-9 所示。

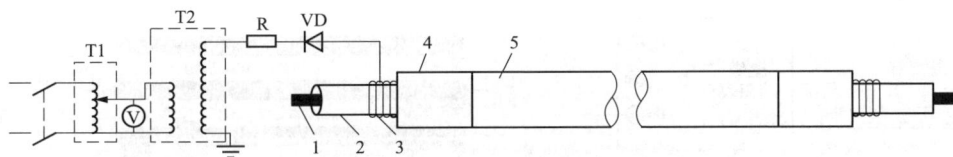

图 3-9　外护套试验接线

T1—调压器；T2—试验变压器；R—限流保护器；VD—高压硅堆；1—导体；2—绝缘；

3—金属护套（金属屏蔽）；4—外护套；5—电极（石墨层）

（1）外护套连同接头外保护层施加 10kV 直流电压，试验时间为 1min。

（2）为了得到有效试验，外护套全部外表面应接地良好。

（四）主要设备

直流耐压设备见图 3-10。

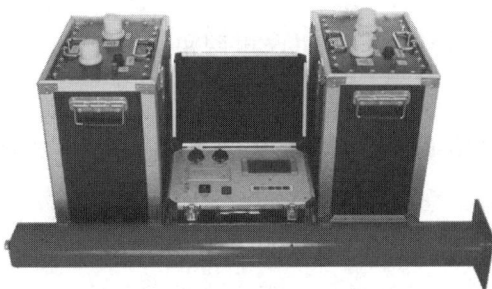

图 3-10　直流耐压设备

第五节　检查电缆线路两端的相位

（一）试验目的

电缆线路在敷设、安装附件后，为了保证两端的相位一致，需要对两端的相位进行检查。这项工作对于单个用电设备关系不大，但对于输电网络、双电源系统和有备用电源的重要用户等有重要意义。

（二）理论知识

在三相制电力网络中，三相之间有固定的相角差。电气设备与电网之间、电网与电网之间连接的相位必须一致才能正常运行。电缆线路连接电网和电气设备必须保证两端的相位一致，所以电缆线路安装竣工或经过检修后都要认真进行核相工作。

（三）技术要求

（1）绝缘电阻表法核对相位原理如图 3-11 所示。

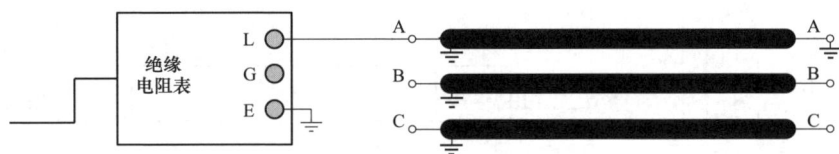

图 3-11　绝缘电阻表法核对相位原理

采用绝缘电阻表法核对相位时，将电缆两端的线路接地开关拉开，对电缆进行充分放电，对侧三相全部悬空，将测量线一端接绝缘电阻表"L"端，另一端接绝缘杆，绝缘电阻表"E"端接地。通知对侧人员将电缆其中一相接地（以 A 相为例），另两相悬空。试验人员驱动绝缘电阻表，将绝缘杆分别搭接电缆三相芯线，绝缘电阻为零时的芯线为 A 相。试验完毕后，将绝缘杆脱离电缆 A 相，再停止绝缘电阻表。对被试电缆放电并记录。完成上述操作后，通知对侧试验人员将接地线接在线路另一相，重复上述操作，直至对侧三相均有一次接地。

（2）电缆线路两端的相位应一致，并与电网相位相符合。

第六节　金属屏蔽层（金属套）电阻和导体电阻比测量

（一）试验目的

金属屏蔽层（金属套）电阻和导体电阻比测量用于检查电缆金属屏蔽层是否发生锈蚀，以及在电缆线路重新制作接头后，用于检查接头的导体连接是否良好。因此，在交接试验时开展此项试验，可以为运行阶段提供基准参考。

（二）理论知识

当电缆外护套发生破损时，金属屏蔽层（金属套）可能会发生腐蚀导致电阻增加。此外，当电缆接头的导体连接点连接不良时，也会导致导体回路的电阻增加。通过测试金属屏蔽与导体的电阻比，可以帮助运维人员了解是否存在上述问题。由于电缆导体电阻很低，现场一般采用双臂电桥进行测试，双臂电桥工作原理如图 3-12 所示。

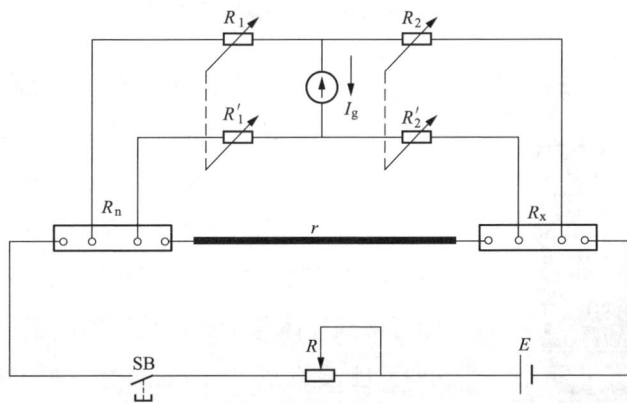

图 3-12　双臂电桥工作原理图

R_n—标准电阻；R_x—被测电阻；R_1、R_2、R_1'、R_2'—可调电阻；r—附加电阻

通过调节四个可调电阻，使 $I_g=0$ 时，电桥达到平衡，此时通过式（3-4）可以得到被测电阻 R_x 的值。

$$R_x = \frac{R_2}{R_1} R_n \tag{3-4}$$

（三）技术要求

（1）结合其他连接设备一起，采用双臂电桥或其他方法，测量在相同温度下的回路金属屏蔽（金属套）和导体的直流电阻，并求取金属屏蔽（金属套）和导体电阻比，作为今后监测基础数据。

（2）现场由于电缆较长，无法在电缆两端接线，测试可采用以下方法：

1）将电缆线路末端三相短路，按照双臂电桥现场测试接线图（见图 3-13）连接双臂电桥，首先测量 AB 两相导体直流电阻之和 R_{AB}。

2）测量时，先将灵敏度调节到适当的位置，运用调节倍率、刻度盘和微调盘调节桥臂的电阻。

3）当电桥平衡时，读取刻度盘和微调盘读数，记录 R_{AB} 的值。

4）更改接线，继续测量 BC、AC 两相的导体直流电阻之和 R_{BC}、R_{AC}。

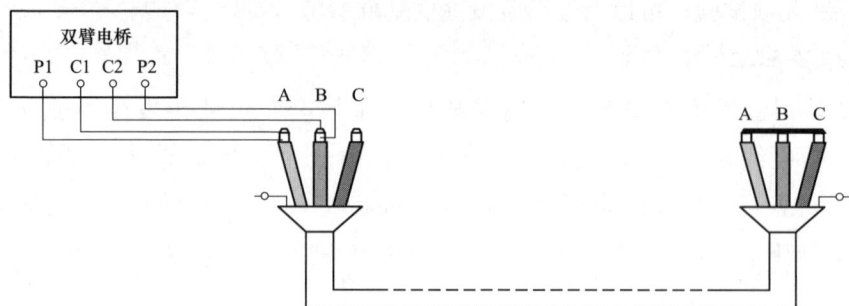

图 3-13　双臂电桥现场测试接线图

5）完成测试后，根据公式（3-5）即可计算出单相的导体直流电阻 R_A、R_B、R_C。

$$2R_A = R_{AB} + R_{AC} - R_{BC}$$
$$2R_B = R_{AB} + R_{BC} - R_{AC} \qquad (3\text{-}5)$$
$$2R_C = R_{AC} + R_{BC} - R_{AB}$$

6）同理可测得三相金属屏蔽层（金属套）的直流电阻，即可得到导体与金属屏蔽层的电阻比。

（四）主要设备

该试验用到的主要设备为直流双臂电桥，如图 3-14 所示。

图 3-14　直流双臂电桥

第七节　交叉互联系统试验

（一）试验目的

当电缆线路距离较长时，单芯电缆的金属套上将会产生很高的感应电压，为了限制这种感应电压，一般在电缆中间接头处采取交叉互联的方式，将三相电缆的金属层互换连接，在三相之间的相位差作用下，感应电压相互抵消，进而限制金属套上的感应电压值。因此，在电缆线路投运前，需要对交叉互联系统进行试验检查。金属护套交叉互联电缆线路示意图见图 3-15。

（二）理论知识

在较长的单芯电缆线路中，使用绝缘接头将电缆金属护套和屏蔽层均匀地分割成三段或三的倍数段，使每段金属护套的感应电压限制在不影响人身和设备的安全值内。同时为了保证护层绝缘在雷电过电压和操作过电压的作用下不受损害，目前主要采用氧化锌材料的护层保护器。

应对完整的金属护层接地系统进行交接试验，包括电缆外护套、同轴电缆、接地电

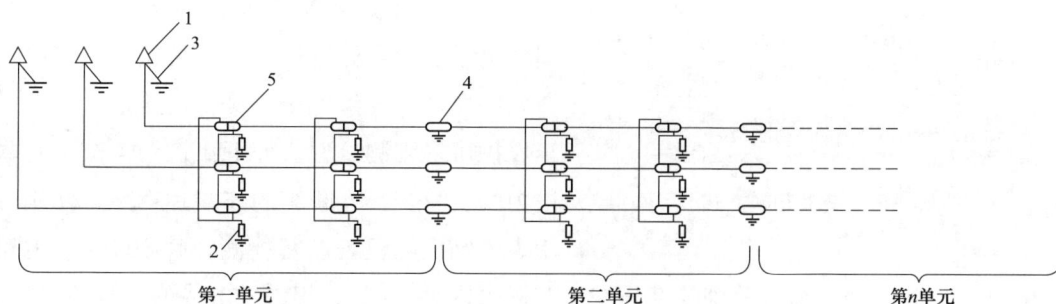

图 3-15 金属护套交叉互联电缆线路示意图

1—电缆终端头；2—金属屏蔽层电压限制器；3—直接接地；4—接头；5—绝缘接头

缆、接地箱、互联箱等。交叉互联系统导体对地绝缘水平应不低于电缆外护套绝缘水平。

（三）技术要求

1. 交叉互联系统对地绝缘的直流耐压试验

试验时必须事先将护层电压限制器断开，并在互联箱中将另一侧的三段电缆金属套全部接地，使绝缘接头的绝缘环部分也同时进行试验。在每段电缆金属屏蔽（金属套）与地之间施加直流电压 10kV，加压时间 1min，交叉互联系统对地绝缘部分不应击穿。

2. 非线性电阻型护层电压限制器

（1）氧化锌电阻片：

对电阻片施加直流参考电流后测量其压降，即直流参考电压，其值应在产品标准规定的范围之内。

（2）非线性电阻片及其引线的对地绝缘电阻：

将非线性电阻片的全部引线并联在一起与接地的外壳绝缘后，用 1000V 绝缘电阻表测量引线与外壳之间的绝缘电阻，其值不应小于 10MΩ。

3. 互联箱、护层直接接地箱、护层保护接地箱

（1）接触电阻：

接触电阻试验在完成护层电压限制器试验后进行。将连接片恢复到正常工作位置后，用双臂电桥测量连接片的接触电阻，其值不应大于 20μΩ。

（2）连接片连接位置：

相关检查在以上交叉互联系统的试验合格后密封互联箱之前进行，连接位置应正确。如发现连接错误而重新连接后，则必须重测连接片的接触电阻。

4. 交叉互联系统导通试验

（1）检查一个交叉互联段内的两个交叉互联箱，交叉互联箱内的连接片安装方式应相同。

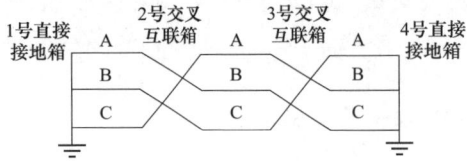

图 3-16　交叉互联方式

（2）假设交叉互联方式如图 3-16 所示，同轴电缆的内导体连接 1 号直接接地箱侧电缆金属护层，外导体连接 4 号直接接地箱侧电缆金属护层，则测试方法如下：将一个交叉互联段内的所有交叉互联箱的连接片拆除，使用万用表或绝缘电阻表进行检测，1 号直接接地箱内 A、B、C 相接地电缆应分别与 2 号交叉互联箱内 A、B、C 相同轴电缆的内导体导通，2 号交叉互联箱内 A、B、C 相同轴电缆的外导体应分别与 3 号交叉互联箱内 A、B、C 相同轴电缆的内导体导通，3 号交叉互联箱内 A、B、C 相同轴电缆的外导体应分别与 4 号直接接地箱内的 A、B、C 相接地电缆导通。将 2 号交叉互联箱、3 号交叉互联箱内的连接片恢复安装，使用万用表或绝缘电阻表进行检测，1 号直接接地箱内的 A、B、C 相接地电缆应分别与 4 号直接接地箱内的 C、A、B 相接地电缆导通。

第八节　避雷器试验

（一）试验目的

对于电缆线路，为了防止线路发生过电压对电缆设备造成损害，会在电缆终端处并联安装避雷器，电缆终端及避雷器如图 3-17 所示。若避雷器发生故障，也会造成电缆线路跳闸停电。因此，对电缆线路上安装的避雷器，也应开展相应的试验。

（二）理论知识

在完成避雷器现场安装后，根据相关规定和标准对其进行绝缘电阻、工频参考电压和持续电流、直流参考电流下的参考电压及 75% 直流参考电压下的泄漏电流等测试，检查避雷器制造、运输和安装质量，保证其安全投入运行。其中直流参考电流下的参考电压及 75% 直流参考电压下的泄漏电流测试有利于检查避雷器直流参考电压及避雷器在正常运行中的荷电率，对确定阀片片数，判

图 3-17　电缆终端及避雷器

断额定电压选择是否合理及老化状态都有十分重要的作用。绝缘电阻、运行电压下的全电流和阻性电流测量可以有效判断避雷器是否发生老化、受潮等情况。

（三）技术要求

对于无间隙金属氧化物避雷器，可按下列第 1～5 项的规定进行试验，其中不带均压电容器的无间隙金属氧化物避雷器，第 3 项和第 4 项可选做一款试验，带均压电容器的无间隙金属氧化物避雷器，应做第 3 项试验。

1. 绝缘电阻

应采用 5000V 绝缘电阻表，绝缘电阻不应小于 2500MΩ。

2. 底座绝缘电阻

底座绝缘电阻测试应采用 2500V 绝缘电阻表，绝缘电阻不应低于 100MΩ。

3. 工频参考电压和持续电流

（1）金属氧化物避雷器对应于工频参考电流下的工频参考电压，整支或分节进行的测试值应符合 GB 11032—2020《交流无间隙金属氧化物避雷器》或产品技术条件的规定。

（2）测量金属氧化物避雷器在避雷器持续运行电压下的持续电流，避雷器持续电流测量接线图如图 3-18 所示，其阻性电流和全电流值应符合产品技术条件的规定。

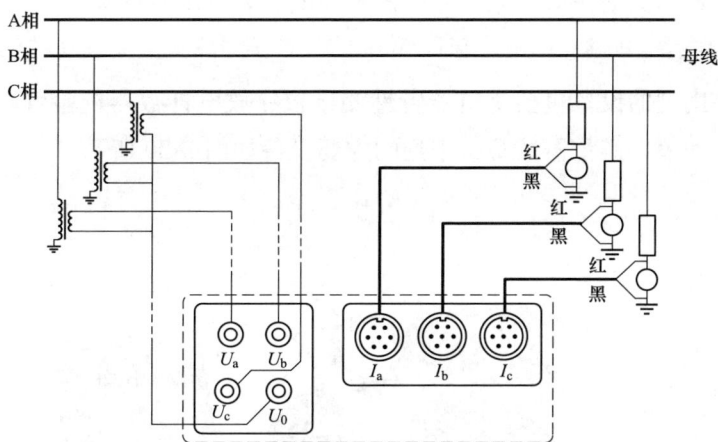

图 3-18 避雷器持续电流测量接线图

4. 直流参考电压（U_{1mA}）和 $0.75U_{1mA}$ 下的泄漏电流

（1）金属氧化物避雷器对应于直流参考电压（U_{1mA}）和 $0.75U_{1mA}$ 下的泄漏电流测量接线图如图 3-19 所示，整支或分节进行的测试值不应低于 GB 11032—2020《交流无间隙金属氧化物避雷器》的规定值，并应符合产品技术条件的规定。实测值与制造厂实测值比较，其允许偏差应为 ±5%。

（2）75% 直流参考电压下的泄漏电流值不应大于 50μA，或符合产品技术条件的规定。

（3）试验时若整流回路中的波纹系数大于 1.5% 时，应加装滤波电容器，可为 0.01～0.1μF，试验电压应在高压侧测量。

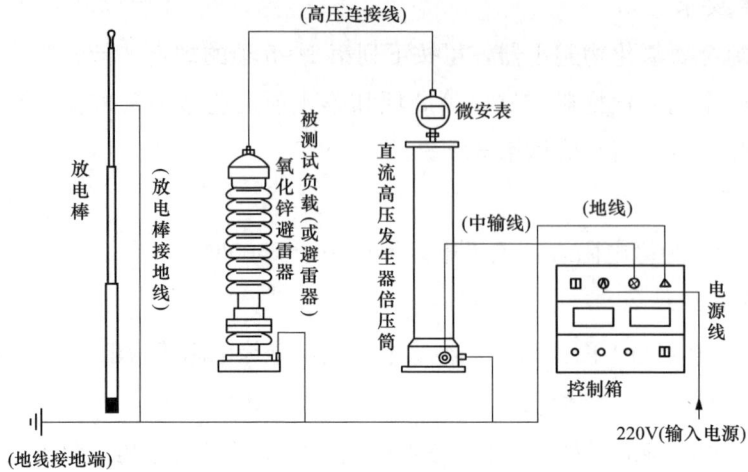

图 3-19 直流参考电压（U_{1mA}）和 $0.75U_{1mA}$ 下的泄漏电流测量接线图

5.检查放电计数器动作情况及监视电流表指示

检查放电计数器的动作应可靠，避雷器监视电流表指示应良好。

（四）主要设备

避雷器试验用到的设备包括避雷器特性测试仪、放电计数器校验仪、直流高压发生器、倍压筒及微安表，避雷器试验所用到的主要设备如图 3-20 所示。

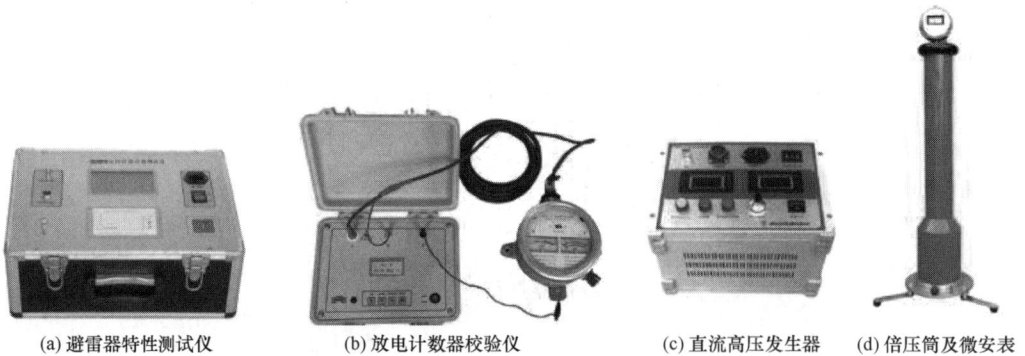

(a) 避雷器特性测试仪　　(b) 放电计数器校验仪　　(c) 直流高压发生器　　(d) 倍压筒及微安表

图 3-20 避雷器试验所用到的主要设备

第九节 线路参数试验

一、 试验目的

电缆线路参数试验的项目很多，主要包括导体直流电阻测量、电缆电容测量，以及正序阻抗、负序阻抗和零序阻抗测量等项目，这些试验项目的数值主要用于电缆的运行计算。

二、 技术要求

1. 导体直流电阻测量

（1）采用双臂电桥法测量，逐次对 AB、BC、CA 相间直流电阻进行测量。

（2）按照双臂电桥法原理图（见图 3-13）连接设备，将电缆线路末端三相短路，测量 AB 相间直流电阻。

（3）检查设备连接，保证设备连接正确可靠。

（4）测量时，先将灵敏度调节到适当的位置，运用调节倍率、刻度盘和微调盘，调节桥臂的电阻。

（5）当电桥平衡时，读取刻度盘和微调盘读数，并记录。

（6）更改接线，继续测量 BC、CA 相间直流电阻，并记录。

根据公式（3-6）计算出单相直流电阻。

$$2R_A = R_{AB} + R_{AC} - R_{BC}$$
$$2R_B = R_{AB} + R_{BC} - R_{AC} \tag{3-6}$$
$$2R_C = R_{AC} + R_{BC} - R_{AB}$$

2. 电缆电容测量

（1）采用交流充电法测量电缆电容。

（2）按照电缆导体对地电容测量接线图（见图 3-21）连接设备，为了避免电压表内阻影响测量误差，应将电压表跨接在电流表之前。

（3）检查设备连接，保证设备连接正确可靠。

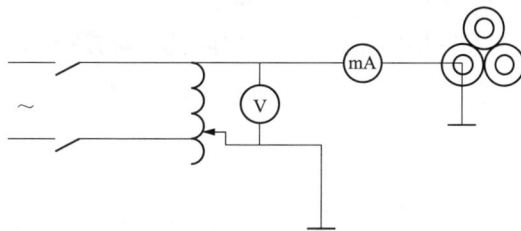

图 3-21 电缆导体对地电容测量接线图

（4）读取电压表和电流表的读数，并记录。

（5）根据公式（3-7）计算导体对地电容。

$$C = \frac{I}{\omega V} \times 10^3 \tag{3-7}$$

3. 线路正序阻抗测量（负序阻抗测量相同）

（1）按照电缆线路正序阻抗测量接线图（见图 3-22）连接设备，将线路末端三相短路，在线路始端施加三相工频电源。

（2）分别测量各相的电流、三相的线电压和三相的总功率。

43

（3）按公式（3-8）计算线路的正序阻抗Z_1、正序电阻R_1、正序电抗X_1和功率因数角φ_1，其中U为三个电压表所测值的算术平均值，I为三个电流表所测值的算术平均值，P为两个功率表所测值的代数和。

$$Z_1 = \frac{U}{\sqrt{3}\,I}$$

$$R_1 = \frac{P}{3I^2} \tag{3-8}$$

$$X_1 = \sqrt{Z^2 - R^2}$$

$$\varphi_1 = \arctan^{-1}\left(\frac{X}{R}\right)$$

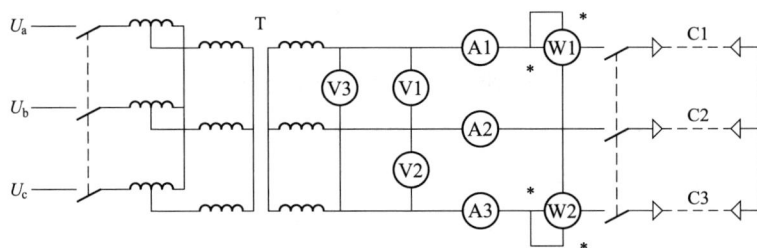

图 3-22　电缆线路正序阻抗测量接线图

4. 线路零序阻抗测量

（1）按照电缆线路零序阻抗测量接线图（见图 3-23）连接设备，将线路末端三相短路接地，在线路始端接单相交流电源。

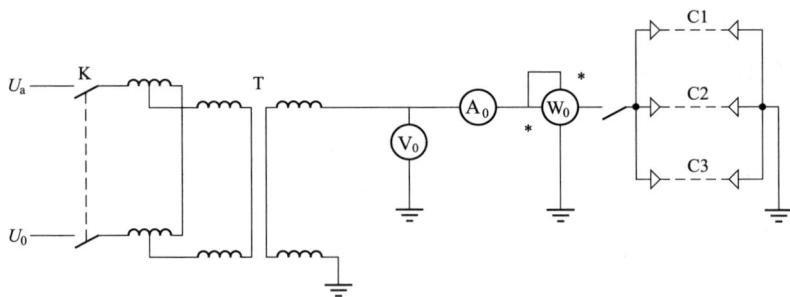

图 3-23　电缆线路零序阻抗测量接线图

（2）分别测量电流I、电压U和功率P。

（3）按公式（3-9）计算线路的正序阻抗Z_0、正序电阻R_0、正序电抗X_0和功率因数角φ_0。

$$Z_0 = \frac{3U}{I}$$

$$R_0 = \frac{3P}{I^2}$$

$$X_0 = \sqrt{Z_0^2 - R_0^2}$$

$$\varphi_0 = \arctan^{-1}\left(\frac{X_0}{R_0}\right) \tag{3-9}$$

第十节　接地电阻测量

（一）试验目的

接地装置是确保电气设备在正常和事故情况下可靠和安全运行的主要保护措施之一，接地电阻的测量主要是检查接地装置是否符合规程要求，及时发现接地引下线或焊点腐蚀、损坏情况。为了保证电缆设备和人身安全，按规程规定，电缆沟、电缆工井、电缆隧道等电缆线路附属设施的所有金属构件都必须可靠接地。

（二）技术要求

（1）可采用接地电阻测试仪测量接地电阻，接地阻抗测试仪接线示意图如图 3-24 所示。

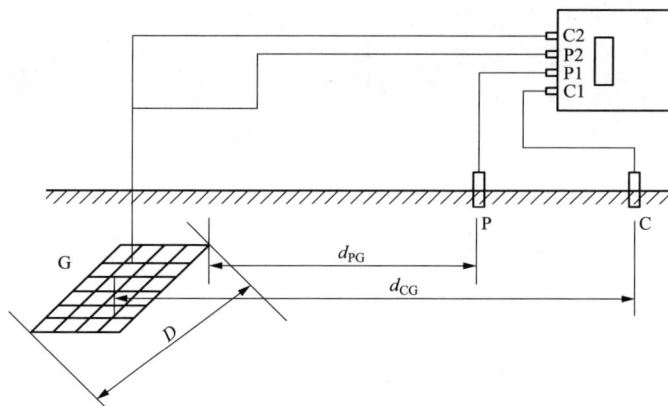

图 3-24　接地阻抗测试仪接线示意图

G—被试接地装置；C—电流极；P—电位极；D—被试接地装置最大对角线长度；

d_{CG}—电流极与被试接地装置中心的距离；d_{PG}—电位极与被试接地装置边缘的距离

（2）依据《电力电缆及通道运维规程》和《城市电力电缆线路设计技术规定》的规定有：

1）电缆终端站，终端塔的接地电阻应符合设计要求。

2）电缆沟应合理设置接地装置，接地电阻应小于 5Ω。

3）每座工作井应设独立的接地装置，接地电阻不应大于 10Ω。

4）隧道内的接地系统应形成环形接地网，接地网通过接地装置接地，接地网综合接地电阻不宜大于 1Ω，接地装置接地电阻不宜大于 5Ω。

【思考与练习】

（1）交接试验的目的是什么？

（2）交接试验有哪些项目？

（3）交叉互联系统的作用是什么？

第四章　电力电缆例行试验

电缆线路在投入运行后，由于运行工况变化、设备自身老化及周围环境因素影响等，对电缆线路的正常运行可能造成不良影响。为了保证电缆线路的安全运行，并经常保持良好的状态，运行部门必须注意设备的正确运行，利用不同的技术手段对电缆线路开展例行试验，从而评估电缆的运行状态。本部分介绍了 XLPE 绝缘电缆线路运维检修阶段涉及的例行试验项目和方法，通过对电缆例行试验项目和标准的介绍，使学员掌握电缆线路例行试验的要求和内容。

电缆例行试验项目：

（1）主绝缘及外护套绝缘电阻测量。

（2）主绝缘交流耐压试验。

（3）接地电阻测试。

（4）交叉互联系统试验。

（5）避雷器直流参考电压（U_{1mA}）和 $0.75U_{1mA}$ 下的泄漏电流检测。

（6）避雷器底座绝缘电阻测量。

（7）避雷器放电计数器功能检查。

第一节　主绝缘及外护套绝缘电阻测量

（一）试验目的

测量绝缘电阻是检查电缆线路绝缘状态最简单、最基本的方法。测量绝缘电阻一般使用绝缘电阻表，可以检查出电缆主绝缘或外护套是否存在明显缺陷或损伤。

（二）理论知识

电缆线路的绝缘电阻大小同加在电缆导体上的直流测量电压及通过绝缘的泄漏电流有关，绝缘电阻和泄漏电流的关系符合欧姆定律，即

$$R = \frac{U}{I} \tag{4-1}$$

绝缘电阻的大小取决于绝缘的体积电阻和表面电阻的大小，把直流电压 U 和绝缘的体积电流 I_v 之比称为体积电阻 R_v，U 和表面泄漏电流 I_s 之比称为表面电阻 R_s，即

$$R_v = \frac{U}{I_v} \tag{4-2}$$

$$R_s = \frac{U}{I_s} \tag{4-3}$$

正确反映电缆绝缘品质的指标是绝缘的体积电阻 R_v。

（三）技术要求

（1）测量绝缘电阻时，应分别在电缆的每一相上进行。对一相进行测量时，其他两相导体、金属屏蔽或金属套和铠装层一起接地。试验结束后应对被试电缆进行充分放电。电缆绝缘电阻试验接线、电缆外护套绝缘电阻试验接线分别见图 3-1、图 3-2。

（2）电缆主绝缘电阻测量应采用 2500V 及以上电压的绝缘电阻表，外护套绝缘电阻测量宜采用 1000V 绝缘电阻表。

（3）耐压试验前后，绝缘电阻应无明显变化。电缆外护套绝缘电阻不低于 0.5MΩ·km。

（4）主绝缘及外护套绝缘电阻测量周期及要求见表 4-1。

表 4-1　　　　　　　　　　主绝缘及外护套绝缘电阻测量周期及要求

电压等级	基准周期	要求
110(66)kV 及以上	随主绝缘耐压试验停电时开展	1）耐压试验前后，绝缘电阻应无明显变化。 2）电缆外护套绝缘电阻不低于 0.5MΩ·km

第二节　主绝缘交流耐压试验

（一）试验目的

交流耐压试验是目前鉴定电力设备绝缘强度最直接、最有效的方法。橡塑绝缘电缆的交流耐压试验被用来验证被试电缆的耐电强度，对发现电缆绝缘的局部缺陷，如绝缘受潮、开裂等缺陷十分有效，是检验电缆绝缘性能、安装工艺、施工质量的重要手段。

（二）理论知识

对于电缆而言，其电容量相对其他类型设备较大，在进行耐压试验时，要求试验电压高、试验设备容量大，现场往往难以解决。为了克服这种困难，采用串联电抗器谐振的方法进行耐压试验，通过调节试验回路的频率 ω，使得 $\omega L = 1/\omega C$，此时回路形成谐振，这时的频率为谐振频率。设谐振回路品质因数为 Q，被试电缆上的电压为励磁电压的 Q 倍，这时通过增加励磁电压就能升高谐振电压，从而达到试验目的。

（三）技术要求

（1）电缆交流耐压试验一般采用 20～300Hz 的谐振交流电压，试验接线如图 3-5 所示。

（2）对电缆做耐压试验时，应分别在每一相上进行。对一相进行试验时，其他两相导体、金属屏蔽或金属套一起接地。试验结束后应对被试电缆进行充分放电。

（3）对金属屏蔽或金属套一端接地，另一端装有护层电压限制器的单芯电缆主绝缘做耐压试验时，必须将护层电压限制器短接，使这一端的电缆金属屏蔽或金属套临时接地。对于采用交叉互联接地的电缆线路，应将交叉互联箱进行分相短接处理，并将护层电压限制器短接。

（4）主绝缘交流耐压试验周期及要求见表 4-2。

表 4-2　　　　　　　　　　　　主绝缘交流耐压试验周期及要求

额定电压/kV	基准周期	试验电压	时间/min
110（66）	新投运 3 年内开展一次，以后根据状态评价结果必要时进行	$1.6U_0$	5
127/220 及以上		$1.36U_0$	

（5）对于 66kV 及以上高压电缆线路，在开展例行耐压试验的同时，可根据线路运行状态，必要时开展分布式局部放电测试，测试示意图如图 3-6 所示，并应满足以下要求：

1）对电缆的主绝缘做变频谐振试验下的局部放电检测，应分别在每一相上进行。对一相进行试验或测量时，其他两相导体、金属屏蔽或金属套应一起接地。

2）对金属屏蔽或金属套采用交叉换位或者采用单端接地方式的单芯电缆，交叉互联箱内应将同一相的连接端用绝缘软线短接，截面积应大于或等于原有铜排截面积，短接线用螺母拧紧固定，保证接触良好，同时电缆两端金属屏蔽或金属套临时接地。

3）测量局部放电一般采用高频 TA 传感器进行检测，传感器应覆盖每个中间接头及终端，安装位置可选择在电缆终端、接头接地线处或终端、接头附近的电缆本体上。

4）测量结果应无可见局部放电异常信号。

（四）主要设备

谐振交流耐压试验设备包括变频电源、励磁变压器、电抗器及分压器等。部分厂家在试验设备生产中采用车载化设计，减少了试验接线，提高了试验效率。

第三节 接地电阻测试

（一）试验目的

接地装置是确保电气设备在正常和事故情况下可靠和安全运行的主要保护措施之一，接地电阻的测量主要是检查接地装置是否符合规程要求，及时发现接地引下线或焊点腐蚀、损坏情况。为了保证电缆设备和人身安全，按规程规定，电缆沟、电缆工井、电缆隧道等电缆线路附属设施的所有金属构件都必须可靠接地。

（二）技术要求

可采用接地电阻测试仪测量接地电阻，接地电阻测试仪接线示意图如图 3-24 所示。

依据《电力电缆及通道运维规程》和《城市电力电缆线路设计技术规定》的规定，有：

1) 电缆终端站、终端塔的接地电阻应符合设计要求。

2) 电缆沟应合理设置接地装置，接地电阻应小于 5Ω。

3) 每座工作井应设独立的接地装置，接地电阻不应大于 10Ω。

4) 隧道内的接地系统应形成环形接地网，接地网通过接地装置接地，接地网综合接地电阻不宜大于 1Ω，接地装置接地电阻不宜大于 5Ω。

第四节 交叉互联系统试验

（一）试验目的

当电缆线路距离较长时，单芯电缆的金属套上将会产生很高的感应电压，为了限制这种感应电压，一般在电缆中间接头处采取交叉互联的方式，将三相电缆的金属层互换连接，在三相之间的相位差作用下，感应电压相互抵消，进而限制金属套上的感应电压值。为保障电缆线路发生过电压后，电缆外护套的绝缘性能仍满足规程要求，及时发现电缆接地系统绝缘的薄弱点，需要进行交叉互联系统试验。

（二）技术要求

1. 交叉互联系统对地绝缘的直流耐压试验

试验时必须事先将护层电压限制器断开，并在互联箱中将另一侧的三段电缆金属套全部接地，使绝缘接头的绝缘环部分也同时进行试验。在每段电缆金属屏蔽（金属套）与地之间施加直流电压 5kV，加压时间 1min，交叉互联系统对地绝缘部分不应击穿。

2. 非线性电阻型护层电压限制器

(1) 氧化锌电阻片：

对电阻片施加直流参考电流后测量其压降，即直流参考电压，其值应在产品标准规定的范围之内。

(2) 非线性电阻片及其引线的对地绝缘电阻：

将非线性电阻片的全部引线并联在一起与接地的外壳绝缘后，用1000V绝缘电阻表测量引线与外壳之间的绝缘电阻，其值不应小于10MΩ。

3. 互联箱、护层直接接地箱、护层保护接地箱

(1) 接触电阻：

本试验在完成护层电压限制器试验后进行。将连接片恢复到正常工作位置后，用双臂电桥测量连接片的接触电阻，其值不应大于20μΩ。

(2) 连接片连接位置：

本试验在以上交叉互联系统的试验合格后密封互联箱之前进行。连接位置应正确。如发现连接错误而重新连接后，则必须重测连接片的接触电阻。

4. 交叉互联系统试验周期及要求（见表4-3）

表4-3　　　　　　　　　　交叉互联系统试验周期及要求

电压等级	基准周期	要求
110 (66) kV 及以上	随主绝缘耐压试验停电时开展	详见本部分技术要求

注　如在互联系统大段内发生故障，应对该大段进行试验；如互联系统内直接接地的接头发生故障，与该接头连接的相邻两个大段都应进行试验。

第五节　避雷器直流参考电压（$U_{1\text{mA}}$）和 $0.75U_{1\text{mA}}$ 下的泄漏电流检测

(一) 试验目的

避雷器直流参考电压是衡量避雷器材料特性、几何尺寸和串联片数的主要参数，是在避雷器通过直流1mA下避雷器两端电压的峰值。运行一定时期后，通过测量 $U_{1\text{mA}}$ 和 $0.75U_{1\text{mA}}$ 下的泄漏电流，能直接反映避雷器的老化、变质程度。

(二) 理论知识

金属氧化物避雷器阀片为非线性电阻，在运行电压下时，阀片相当于一个很高的电

阻，阀片中流过很小的电流；而在雷击等过电压条件下，它相当于一个很小的电阻，流过很大电流并维持一适当残压，从而起到保护设备的作用。通过该试验测得的数值并与初始值比较，能够检查金属氧化物避雷器的非线性特性及绝缘性能。

（三）技术要求

（1）对于单相多节串联结构，应逐节进行。U_{1mA} 偏低或 $0.75U_{1mA}$ 下泄漏电流偏大时，应先排除电晕和外绝缘表面泄漏电流的影响。

（2）避雷器 U_{1mA} 和 $0.75U_{1mA}$ 下的泄漏电流检测周期及要求见表 4-4。若避雷器存在下列情形之一时，也应进行泄漏电流检测：

1）红外热像检测时，温度同比异常；

2）运行电压下持续电流偏大；

3）有电阻片老化或者内部受潮的家族缺陷，隐患尚未消除。

表 4-4　　　　　　　避雷器 U_{1mA} 和 $0.75U_{1mA}$ 下的泄漏电流检测周期及要求

电压等级	基准周期	要求
110（66）kV 及以上	3 年	1）U_{1mA} 初值差不超过 ±5％且不低于 GB 11032—2020《交流无间隙金属氧化物避雷器》的规定值（注意值）。 2）$0.75U_{1mA}$ 下泄漏电流初值差小于等于 30％或小于等于 50μA（注意值）

（四）主要设备

避雷器 U_{1mA} 和 $0.75U_{1mA}$ 下的泄漏电流试验用到的设备包括直流高压发生器、倍压筒及微安表。

第六节　避雷器底座绝缘电阻测量

（一）试验目的

测量避雷器底座绝缘电阻，主要是检查密封情况，若密封不严会引起内部受潮，导致绝缘电阻下降。

（二）理论知识

避雷器底部的基座一般是一个绝缘的瓷柱，基座上并联有放电计数器，基座对地起绝缘作用。若避雷器底座内部进水受潮，将会导致放电计数器不能正常工作。此外底座内部积水后，在冬天结冰会导致瓷套胀破，严重时会导致避雷器倒塌。

（三）技术要求

（1）用 2500V 的绝缘电阻表测量。

（2）避雷器底座绝缘电阻测量周期及要求见表 4-5。当运行中持续电流异常减小时，也应进行绝缘电阻测量。

表 4-5　　　　　　　　　　　避雷器底座绝缘电阻测量周期及要求

电压等级	基准周期	要求
110（66）kV 及以上	3 年	≥100MΩ

第七节　避雷器放电计数器功能检查

（一）试验目的

避雷器放电计数器用来指示避雷器动作情况，定期对计数器功能进行检查，确保运行人员准确记录避雷器的动作情况。

（二）理论知识

放电计数器并联在避雷器底部基座上，用于记录运行中避雷器是否发生动作及动作的次数，以便积累资料、分析电力系统过电压情况。放电计数器是避雷器的重要配套设备。

（三）技术要求

（1）结合避雷器停电例行试验开展该检查。

（2）如果已有基准周期以上未检查，有停电机会时进行该项目。检查完毕应记录当前基数。若装有电流表，应同时校验电流表，校验结果应符合设备技术文件要求。

（四）主要设备

避雷器放电计数器功能检查用到的设备为放电计数器校验仪。

【思考与练习】

（1）例行试验的目的是什么？

（2）例行试验有哪些项目？

（3）例行试验中交流耐压的周期如何要求？

【本章案例】

【案例一】交接试验外护套试验未通过

53

2019 年 4 月 1 日，A 公司对 110kV B 电缆线路进行交接试验时，发现 2～3 号接地箱之间 A 相电缆外护套绝缘摇不住，测量结果见表 4-6。

表 4-6 测量结果

相别	A	B	C
外护套绝缘电阻/MΩ	0	12	9

该 2～3 号接地箱段电缆线路长度为 0.5km，经测量 A 相外护套绝缘电阻为 0MΩ·km，小于 0.5MΩ·km，判断 A 相电缆外护套故障。经故障查找及处理后，重新测得结果为 7MΩ，在金属护套与地之间施加直流电压 10kV，加压时间 1min，顺利通过。

【案例二】接地系统接地方式错误

2018 年 11 月 5 日，某公司电缆试验人员小王对某 110kV 电缆线路进行交叉互联系统导通试验，现场交叉互联接线如图 4-1 所示。

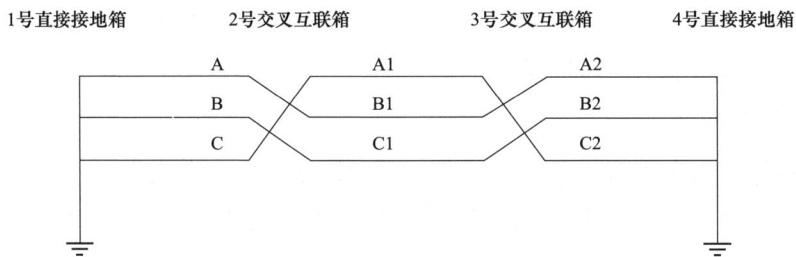

图 4-1 现场交叉互联接线

试验数据见表 4-7。

表 4-7 试验数据

相别	1～2 号内侧	2 号外侧～3 号内侧	3 号外侧～4 号
A	导通	导通	导通
B	导通	导通	导通
C	导通	导通	导通

相别	1～4 号
A	A-C 不通
B	B-A 不通
C	C-B 不通

经核对，此交叉互联系统在 3 号互联箱处连接片连接方式错误，此交叉互联段未能完成三相换位。随后对 3 号互联箱处连接片连接方向进行了改正，改正后测试导通正常。

【本章小结】

　　本章介绍了电缆线路交接、例行试验的项目、方法及有关基础知识，重点应了解电缆设备本身及附属设备的试验项目及要求，掌握电缆交接验收与运维检修阶段对绝缘状态的检测评估方法。

第五章　电力电缆线路状态检测（监测）

第一节　带　电　检　测

随着电网规模迅速扩大和用电需求的迅猛增长，社会对电网供电可靠性要求越来越高。电力设备带电检测技术作为状态检修的重要内容已全面应用，能及时发现电力设备潜伏性运行隐患，避免突发性故障的发生，是电力设备安全、稳定运行的重要保障。

带电检测是指采用便携式检测设备，在运行状态下，对设备状态量进行的现场检测。其特点为短时间内检测，有别于长期连续的在线监测，具有投资小、见效快的优点。目前主要应用的几种检测技术有红外测温、环流检测、局部放电检测及近几年 X 光检测和涡流探伤等新技术。该部分对以上几种检测技术逐一进行介绍。

一、红外测温

红外测温技术就是将物体发出的不可见红外能量转变为可见的热图像，通过查看热图像，可以观察到被测目标的整体温度分布状况，研究目标的发热情况，确定工作方案。

（一）检测要求

1. 检测环境要求

（1）风速一般不大于 0.5m/s。

（2）设备通电时间不小于 6h，最好在 24h 以上。

（3）检测期间天气为阴天、夜间或晴天日落 2h 后。

（4）被检测设备周围应具有均衡的背景辐射，应尽量避开附近热辐射源的干扰，某些设备被检测时还应避开人体热源等的红外辐射。

（5）避开强电磁场，防止强电磁场影响红外热像仪的正常工作。

（6）被检设备是带电运行设备，应尽量避开视线中的封闭遮挡物，如门和盖板等。

（7）环境温度一般不低于 5℃，环境相对湿度一般不大于 85%；天气以阴天、多云为宜，夜间图像质量最佳；不应在雷、雨、雾、雪等气象条件下进行，检测时风速一般不大于 5m/s。

（8）户外晴天要避开阳光直接照射或反射进入仪器镜头，在室内或晚上检测应避开灯光的直射，宜闭灯检测。

（9）检测电流致热型设备，最好在高峰负荷下进行。否则，一般应在不低于 30% 的额定负荷下进行，同时应充分考虑小负荷电流对测试结果的影响。

2. 检测线路及设备要求

红外检测时，电缆应带电运行，且运行时间应该在 24h 以上，并尽量移开或避开电缆与测温仪之间的遮挡物，如玻璃窗、门或盖板等；需对电缆线路各处分别进行测量，避免遗漏测量部位；最好在设备负荷高峰状态下进行，一般不低于额定负荷 30%。与电缆终端相连接的避雷器的红外检测可参照 DL/T 664—2016《带电设备红外诊断应用规范》的要求执行。

（1）正确选择被测设备的辐射率，特别要考虑金属材料的氧化对选取辐射率的影响。辐射率的选取：金属导体部位一般取 0.9，绝缘体部位一般取 0.92。

（2）在安全距离允许的范围下，红外仪器宜尽量靠近被测设备，使被测设备充满整个仪器的视场，以提高仪器对被测设备表面细节的分辨能力及测温精度，必要时，应使用中、长焦距镜头；户外终端检测一般需使用中、长焦距镜头。

（3）将大气温度、相对湿度、测量距离等补偿参数输入，进行修正，并选择适当的测温范围。

（4）一般先用红外热像仪对所有测试部位进行全面扫描，重点观察电缆终端和中间接头、交叉互联箱、接地箱、金属套接地点等部位，发现热像异常部位后对异常部位和重点被检测设备进行详细测量。

（5）为了准确测温或方便跟踪，应事先设定几个不同的方向和角度，确定最佳检测位置，并做上标记，以供今后的复测用，提高互比性和工作效率。

（6）记录被检设备的实际负荷电流、电压、被检物温度及环境参照体的温度值等。

（二）检测周期

依据 Q/GDW 11223—2014《高压电缆状态检测技术规范》，电缆红外检测周期见表 5-1。

表 5-1 电缆红外检测周期

电压等级	部位	周期	说明
110(66)kV	终端	1）投运或大修后1个月内。 2）其他6个月1次。 3）必要时	
	接头	1）投运或大修后1个月内。 2）其他6个月1次。 3）必要时	
220kV	终端	1）投运或大修后1个月内。 2）其他3个月1次。 3）必要时	1）电缆接头具备检测条件的可以开展红外带电检测，不具备条件可以采用其他检测方式代替。 2）当电缆线路负荷较重，或迎峰度夏期间、保电期间可根据需要应适当增加检测次数
	接头	1）投运或大修后1个月内。 2）其他3个月1次。 3）必要时	
500kV	终端	1）投运或大修后1个月内。 2）其他1个月1次。 3）必要时	
	接头	1）投运或大修后1个月内。 2）其他1个月1次。 3）必要时	

（三）检测案例

（1）红外测温发现电流致热型缺陷案例：

2016年3月2日15点30分，某运维站工作人员在巡视中某电缆终端发出异常响声时断时续，当天晚上对该电缆终端进行了成像测温，发现该C相电缆终端达42.7℃，运维站决定对该地段电缆加强监测。3月3日9:30，对该电缆终端跟踪测温为18.3℃，20:01对该电缆头跟踪测温达到138℃并出现持续的放电声及明火，巡视人员及时上报情况并与调度联系，果断将该线路停运，避免了一起110kV线路电缆故障跳闸的7级事件。电缆终端现场图及C相电缆终端图如图5-1所示。

根据DL/T 664—2016《带电设备红外诊断应用规范》中电流致热型设备处理原则（"应立即降低负荷电流或立即消缺"），检测人员立即申请停电消缺。

发现原因为尾管封铅工艺不良，使得尾管与波纹铝护套之间电气连接不可靠，导致连接处接触电阻增大。当金属护套上流过的接地电流数值一定时，尾管封铅处在单位时间内会产生较大的热量，长期运行之后会形成尾管部位局部发热缺陷。

<table>
<tr><td>（a）电缆终端现场图</td><td>（b）C相电缆终端图</td></tr>
</table>

图 5-1　电缆终端现场图及 C 相电缆终端图

（2）红外测温发现电压致热型缺陷案例：

某 220kV 电缆线路总长度为 507m，于 1996 年正式投入运行，电缆型号为 YJLW03-Z-127/220kV-1×800mm²，两端的电缆终端均为复合套管式户外终端。2014 年 3 月 20 日，工作人员对该电缆线路两端的户外终端进行红外检测时，发现有两相终端的底部温度比上部温度分别高 2.2、2.0K，通过安排红外测温复测，排除了终端发热缺陷发展的风险。

1 号杆的 B 相、1 号杆的 C 相、2 号杆的 B 相应力锥部位发热，与该相终端上部的温差分别达到了 2.2、2.0、2.0℃。达到 DL/T 664—2016《带电设备红外诊断应用规范》中"表 I.1 电压致热型设备缺陷诊断判据"中的"电缆终端根部有整体性过热，温差 0.5～1K 时"的标准，属于电压致热型缺陷。

二、环流检测

接地环流检测主要通过电流互感器或电流表实现，电流互感器是依据电磁感应原理将一次侧大电流转换成二次侧小电流来测量，在工作时，二次侧回路始终是闭合的，测量仪表和保护回路串联线圈的阻抗很小，电流互感器的工作状态接近短路。

（一）检测要求

现场检查方法要求如下：

（1）检测前钳形电流表处于正确的挡位，量程由大至小调节。

（2）测试接地电流应记录当时的负荷电流。

（3）按照要求记录接地电流异常互联段、缺陷部位、实际负荷、互联段内所有互联线、接地线的接地电流。

（二）检测周期

依据 Q/GDW 11223—2014《高压电缆状态检测技术规范》，金属护层接地电流检测的检测周期见表 5-2。

表 5-2 金属护层接地电流检测的检测周期

电压等级	周期	说明
110(66)kV	1) 投运或大修后 1 个月内。 2) 其他 3 个月 1 次。 3) 必要时	1) 当电缆线路负荷较重，或迎峰度夏期间应适当缩短检测周期。 2) 对运行环境差、设备陈旧及缺陷设备要增加检测次数。 3) 可根据设备的实际运行情况和测试环境做适当的调整。 4) 金属护层接地电流在线监测可替代外护层接地电流的带电检测
220kV	1) 投运或大修后 1 个月内。 2) 其他 3 个月 1 次。 3) 必要时	
500kV	1) 投运或大修后 1 个月内。 2) 其他 3 个月 1 次。 3) 必要时	

（三）检测案例

1. 接地环流检测发现护层接线错误案例

某 110kV 电缆线路总长度为 2037m，于 2016 年 3 月正式投入运行，电缆型号为 YJLW03-Z-64/110kV-1×630mm²。2016 年 3 月 20 日，对该电缆线路进行接地电流检测时，发现其中一个接地箱内的接地电流高达 157A，接近负荷电流。通过排查全线接地箱内接线方式，并与设计图纸对比，确认是施工时将保护接地箱误做成了直接接地箱，导致电缆护层接线方式错误。通过停电消缺更正了护层接地系统方式，接地电流复测结果正常，消除了护层接地系统缺陷发展的风险。110kV 线路的护层接线设计方式如图 5-2 所示。

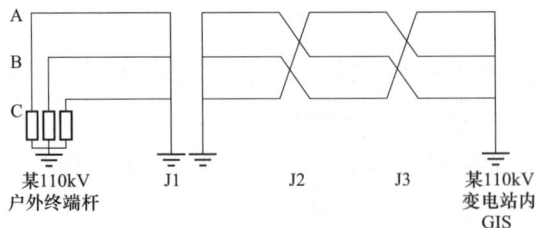

图 5-2 110kV 线路的护层接线设计方式

对照 Q/GDW 11223—2014《高压电缆状态检测技术规范》表 5"高压电缆线路接地电流检测诊断依据"中标准，J1 直接接地侧（送电侧）三相接地电流绝对值都超过了 100A，并且接地电流与负荷比值都大于 50%，属于缺陷，应停电检查。除 J1 直接接地侧（送电侧）外，其他测试位置的测量结果正常。

检测人员记录了各个地面接地箱内的接线情况，判断 J1 直接接地侧（受电侧）到变电站内 GIS 电缆段的护层接线方式正常，户外终端杆至 J1 直接接地侧（受电侧）的电缆段护层存在多点接地情况。地面接地箱内照片如图 5-3 所示。

(a) J1 接地箱内接线　　　(b) J2 接地箱内接线　　　(c) J3 接地箱内接线

图 5-3　地面接地箱内照片

2. 110kV 雨堰 1383 线电缆接地缺陷

（1）故障概况：

6 月 27 日，嘉兴公司按照计划开展 110kV 雨堰 1383 线、烟石 1382 线电缆带电检测工作中，发现石堰变压器侧雨堰 1383 线保护接地箱外壳有烧伤发黑痕迹，打开接地箱发现 A 相保护器已经炸裂，周围已经烧焦发黑，雨堰 1383 线石堰变压器侧保护接地箱 A 相保护器炸裂如图 5-4 所示。

图 5-4　雨堰 1383 线石堰变压器侧保护接地箱 A 相保护器炸裂

随后扩大范围对雨堰 1383 线 3、8 号中间接头井接地箱进行检查和检测，并发现石堰变压器侧中间接头井（运行编号为号 8 井）内保护接地箱 A 相保护器阀片有烧伤损坏痕迹。雨堰 1383 线 8 号井保护接地箱 A 相保护器破损如图 5-5 所示。

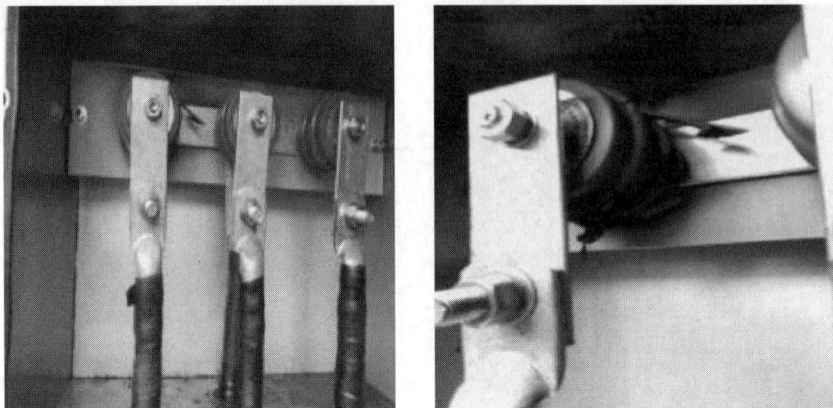

图 5-5　雨堰 1383 线 8 号井保护接地箱 A 相保护器破损

发现该缺陷后，应立即对雨堰 1383 线进行接地电流、局部放电检测，以及接地箱、中间接头红外检测和跟踪。

（2）带电检测及排查：

1）电缆护层接地电流检测：

6 月 27 日，对雨堰 1383 线全线外护套接地电流进行检测，从石堰变压器起至烟雨变压器进行检测，石堰变压器接地环流、8 号接头井外护套接地电流、3 号接头井外护套接地电流、烟雨变压器接地环流见表 5-3～表 5-6。

表 5-3　　　　　　　　石堰变压器接地环流（A）

接地箱名称	石堰变压器保护接地箱			
测试相位	A	B	C	地线
接地电流	20.3	2.1	2.1	20.7

表 5-4　　　　　　　　8 号接头井外护套接地电流（A）

接地箱名称	8 号井直接接地箱				8 号井保护接地箱			
测试相位	A	B	C	地线	A	B	C	地线
接地电流	20.7	2.0	2.1	20.9	2.1	0.06	0.01	2.1

表 5-5　　　　　　　　3 号接头井外护套接地电流（A）

接地箱名称	3 号井直接接地箱				3 号井保护接地箱			
测试相位	A	B	C	地线	A	B	C	地线
接地电流	20.8	2.2	2.1	20.7	0.06	0.05	0.05	0.03

表 5-6 　　　　　　　　　　　　　　烟雨变压器接地环流（A）

接地箱名称	烟雨变压器直接接地箱			
测试相位	A	B	C	地线
接地电流	2.15	2.07	2.06	2.1

根据检测结果可见，石堰变压器保护接地箱、8 号井直接接地箱、3 号井直接接地箱 A 相电流，外护套接地电流最大值与最小值之比已经达到 30，根据 Q/GDW 11223—2014《高压电缆状态检测技术规范》判断，严重超过标准值 5。

电缆带电检测小组对 3 号接头井的外护套接地电流进行复测，并扩大检测范围对 8 号接头井的外护套接地电流进行测量。经测接地电流 A 相 20A、B 相 2A、C 相 2A，其他接地箱接地电流检测正常，局部放电检测 8 号中间接头井至石堰变压器段电缆，发现 A 相有局部放电现象，需停电检查，其他区段无异常。

2）接地方式排查：

按照设计图纸对 110kV 雨堰 1383 线电缆接地箱接线方式进行核对，发现 8 号井 A 相中间接头引出两根接地线与直接、保护接地箱的连接方式同 B、C 两相不一致，以此初步判断 8 号井 A 相中间接头接地线与直接接地箱、保护接地箱连接出现相反连接，即 8 号井至石堰变压器这一段电缆 A 相两侧可能都是保护接地，8 号井至 3 号井段电缆 A 相两侧为直接接地。不是一端保护一端直接接地。在核对接地方式时，8 号井保护接地箱 A 相保护器放电炸裂，同时发现石堰变压器侧保护接地箱体发热严重，随后工作人员向调度申请雨堰 1383 线紧急停电消缺。

7 月 6 日，110kV 雨堰 1383 线停运，通过外护套核相原理核对 8 号井 A 相中间接头与直接接地箱、保护接地箱连接是否连接错误。首先将所有接地箱的接地线拆开，一是从石堰变压器保护接地箱 A、B、C 三相接地线依次加 1000V 直流电压，8 号井保护接地箱 A 相接地线有电压，B、C 相无电压，而直接接地箱 A 相接地线无电压，B、C 两相均有电压；二是从 3 号井直接接地箱 A、B、C 三相接地线依次加 1000V 直流电压，8 号井直接接地箱 A 相有电压，B、C 相无电压，保护接地箱 A 相接地线无电压，B、C 两相均有电压；三是对烟雨变压器直接接地箱 A、B、C 三相接地线依次加压，3 号井 A、B、C 三相均为保护接地引下线有电压。故以此判断 8 号井 A 相的保护接地箱和直接接地箱的接地线位置接反，连接错误。

（3）缺陷分析及处理：

通过带电检测和接地方式核对结果分析，由于 110kV 雨堰 1383 线从石堰变压器至 8 号井这段 A 相电缆两端接地引下线接线方式均为保护接地，该段电缆没有有效的直接接

63

地，导致石堰变压器至 8 号井段电缆对地相当于一个电容，长期不断充电，这段电缆对保护接地箱内保护器产生悬浮电压，保护器在此电压作用下产生电压致热效应，长期发热，当悬浮电压超过保护器绝缘水平时，导致保护器阀片击穿。通过以上分析，8 号井 A 相中间接头保护、直接接地线接反是导致本次缺陷的主要原因。

三、 高频局部放电检测

高频局部放电检测技术使用高频 TA 传感器检测局部放电电流中的高频成分。高频的频率范围一般为 30kHz～100MHz，采集器的采样率不小于 100MHz。其基本测试原理是：电力电缆绝缘内部的局部放电源可以看作是一个点脉冲信号源，当电缆绝缘内部产生局部放电时，放电所产生的高频电流脉冲沿着电缆线芯和金属屏蔽层同时向不同的方向传播，在金属屏蔽层和接地线上产生不均衡电流，进而产生变化的磁场，在电缆本体上或接地引线上套上线圈高频 TA 传感器，当测量位置上磁场变化时，线圈的积分电阻上就能感应到局部放电脉冲信号。高频局部放电测量时，最好有同步相位传感器，如果能增加噪声传感器同步测量噪声信号，就可便于后期噪声信号对比去除。

由于电缆局部放电发生的时间不确定，在电缆绝缘缺陷的初期和后期，局部放电发生的频次较高，而在电缆绝缘缺陷的中期，局部放电发生的频次较低，有时候会出现 24h 内 1～2 次，因此，对于带电检测，可能会出现检测时局部放电恰好未发生现象，故建议采用局部放电重症监护设备进行 24～48h 不间断的检测数据汇集，最终获得局部放电数据。

（一）检测要求

1. 高频脉冲法检测环境要求

（1）检测目标及环境的温度宜在 -10～40℃。

（2）空气湿度不宜大于 90%，若在室外不应在有雷、雨、雾、雪的环境下进行检测。

（3）在电缆设备上无各种外部作业。

（4）进行检测时应避免其他设备干扰源等带来的影响。

2. 高频脉冲法检测仪器要求

（1）在检测时，须保证仪器电源电力充足。

（2）检测中应避免高频 TA 传感器、同轴电缆、同步相位传感器等受到损伤。

（二）检测周期

依据 Q/GDW 11223—2014《高压电缆状态检测技术规范》，电缆局部放电检测周期见表 5-7。

表 5-7　　　　　　　　　　　电缆局部放电检测检测周期

电压等级	周　　　期	说　　明
110(66)kV	1) 投运或大修后 1 个月内。 2) 投运 3 年内至少每年 1 次；3 年后根据线路的实际情况，每 3～5 年 1 次；20 年后根据电缆状态评估结果每 1～3 年 1 次。 3) 必要时	1) 当电缆线路负荷较重，或迎峰度夏期间应适当调整检测周期。 2) 对运行环境差、设备陈旧及缺陷设备要增加检测次数。 3) 高频局部放电在线监测可替代高频局部放电带电检测
220kV	1) 投运或大修后 1 个月内。 2) 投运 3 年内至少每年 1 次；3 年后根据线路的实际情况，每 3～5 年 1 次；20 年后根据电缆状态评估结果每 1～3 年 1 次。 3) 必要时	
500kV	1) 投运或大修后 1 个月内。 2) 投运 3 年内至少每年 1 次；3 年后根据线路的实际情况，每 3～5 年 1 次；20 年后根据电缆状态评估结果每 1～3 年 1 次。 3) 必要时	

（三）数据分析原则

首先根据相位图谱特征判断测量信号是否具备 50Hz 相关性，从而判别是否具备相位特征。若具备，说明存在局部放电，继续如下步骤：

（1）排除外界环境干扰，即排除与电缆有直接电气连接设备［如变压器、气体绝缘金属封闭开关设备（GIS）等］或空间的放电干扰。

（2）根据各检测部位的幅值大小（即信号衰减特性）初步定位局部放电部位。

（3）根据各检测部位三相信号相位特征，定位局部放电相别。

（4）根据单个脉冲时域波形、相位图谱特征初步判断放电类型。

（5）在条件具备时，综合应用超声波局部放电仪、示波器等进行精确定位。

当检测到异常时，需按照相应的格式记录异常信号放电谱图、分类谱图及频谱图，并填写初步分析判断结论。

四、 超/特高频局部放电检测技术

超/特高频法主要应用电缆 GIS 终端位置的局部放电检测，局部放电产生的特高频电磁波信号在 GIS 中传播时衰减较小，而且由于电磁波在 GIS 中绝缘子等不连续处反射，还会在 GIS 腔体中引起谐振，使局部放电信号振荡时间加长，便于检测。因此，超/特高频法能具有很高的灵敏度。

（一）检测要求

（1）传感器应与终端紧密接触，不要因为传感器移动引起的信号而干扰正确判断。

（2）在检测时应最大限度保持测试周围信号的干净，尽量减少人为制造出的干扰信号，例如：手机信号、照相机闪光灯信号、照明灯信号等。

（3）在检测过程中，必须要保证外接电源的频率为50Hz（如果现场没有220V电源，可采用自产相位对比或采用无线相位同步方式）。

（4）在开始检测时，不需要加装放大器进行测量。若发现有微弱的异常信号时，可接入放大器将信号放大以方便判断。

（5）检测中应将同轴电缆完全展开，避免同轴电缆外皮受到剐蹭损伤。

（6）保证待测设备绝缘良好，以防止低压触电。

（7）在使用传感器进行检测时，应戴绝缘手套，避免手部直接接触传感器金属部件。

（8）将传感器放置在电缆接头非金属封闭处，以减少金属对内部电磁波的屏蔽及传感器与螺栓产生的外部静电干扰。

（9）保持每次测试点的位置一致，以便于进行比较分析。

（10）如检测到异常信号，则应在该接头进行多点检测比较，查找信号最大点的位置。

（11）当检测到异常时，按照要求的格式记录异常信号放电谱图、分类谱图及频谱图，并给出初步分析判断结论。

（二）检测周期

依据 Q/GDW 11223—2014《高压电缆状态检测技术规范》，超高频局部放电检测周期见表5-8。

表 5-8　　　　　　　　　　超高频局部放电检测的检测周期

电压等级	周　　期	说明
110(66)kV	1）投运或大修后1个月内。 2）投运3年内至少每年1次；3年后根据线路的实际情况，每3～5年1次；20年后根据电缆状态评估结果每1～3年1次。 3）必要时	1）当电缆线路负荷较重，或迎峰度夏期间应适当调整检测周期。 2）对运行环境差、设备陈旧及缺陷设备要增加检测次数。 3）超高频局部放电在线监测可替代超高频局部放电带电检测
220kV	1）投运或大修后1个月内。 2）投运3年内至少每年1次；3年后根据线路的实际情况，每3～5年1次；20年后根据电缆状态评估结果每1～3年1次。 3）必要时	

（三）检测案例

1. 某变电站电缆 GIS 终端故障

2012年1月，应用特高频局部放电仪检测发现某110kV三相电缆GIS终端附近均有局部放电异常信号，并对其进行高频局部放电联合局部放电检测，检测结果为三相终端处均检测到局部放电信号，其中A相放电幅值最大，然后对电缆GIS终端进行局部放电定位，确定局部放电源处于A相电缆GIS终端，将该终端进行更换后进行复测，异常局部放电信号消失。

对更换下来的 A 相电缆 GIS 终端进行实验室局部放电检测及医用 CT 检测，确定该电缆 GIS 终端的局部放电由原环氧套管引起，并发现环氧套管高压电极与环氧树脂之间存在明显的气腔。解体发现在环氧套管高压电极与环氧树脂之间的气隙，气隙位置与 X 光扫描结果一致，从而避免了重大事故的发生。

在 A、B、C 三相电缆 GIS 终端的环氧树脂法兰处安放特高频传感器，三相终端均检测到局部放电信号，其中 A 相终端放电幅值最大，根据幅值定位法判断该放电源应该位于 A 相。同时，A、B、C 相电缆 GIS 终端放电谱图分别如图 5-6～图 5-8 所示，初步判断该放电缺陷为绝缘内部气隙类放电。

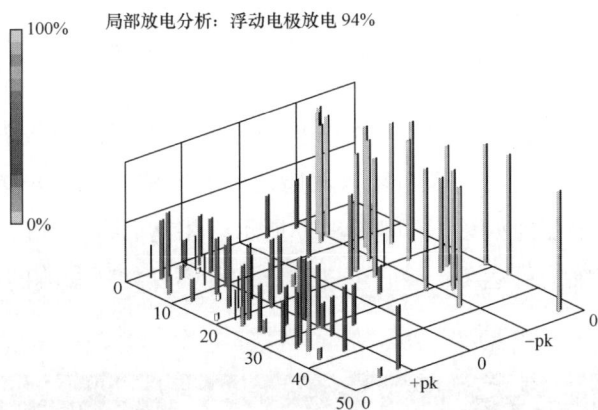

图 5-6　A 相电缆 GIS 终端放电谱图

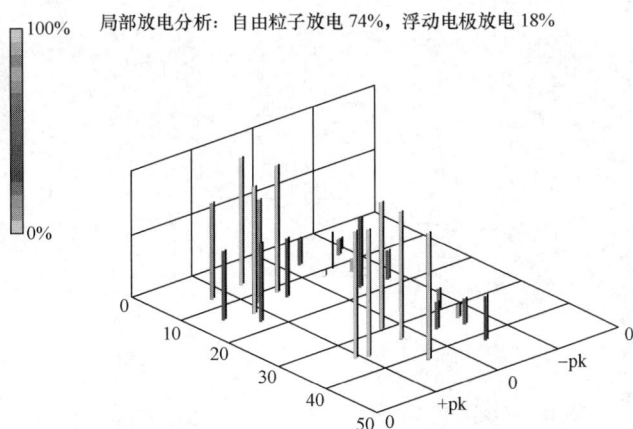

图 5-7　B 相电缆 GIS 终端放电谱图

相关人员对更换下来的原环氧套管首先应用普通 X 光进行内部气隙类缺陷的扫描，

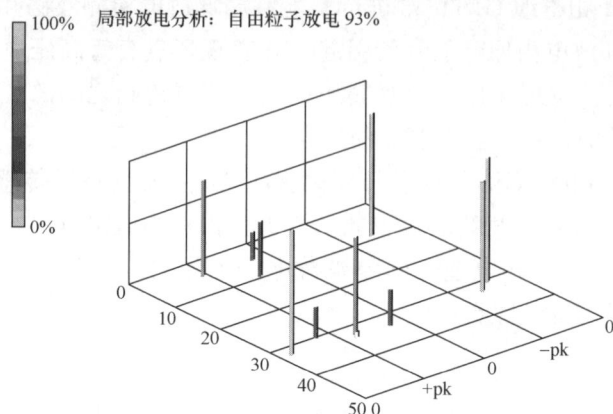

图 5-8　C 相电缆 GIS 终端放电谱图

未见任何异常。然后，首次将医用 CT 影像扫描技术引入固体绝缘内部气隙类缺陷的扫描，发现环氧套管的高压金属电极与环氧树脂之间有明显气隙，环氧套管整体扫描、环氧套管缺陷点断面扫描照片如图 5-9、图 5-10 所示。相比而言，医用 CT 影像扫描技术具有图像分辨率高（三维均可达 1mm）、可三维重构及不受材料影响的优点。

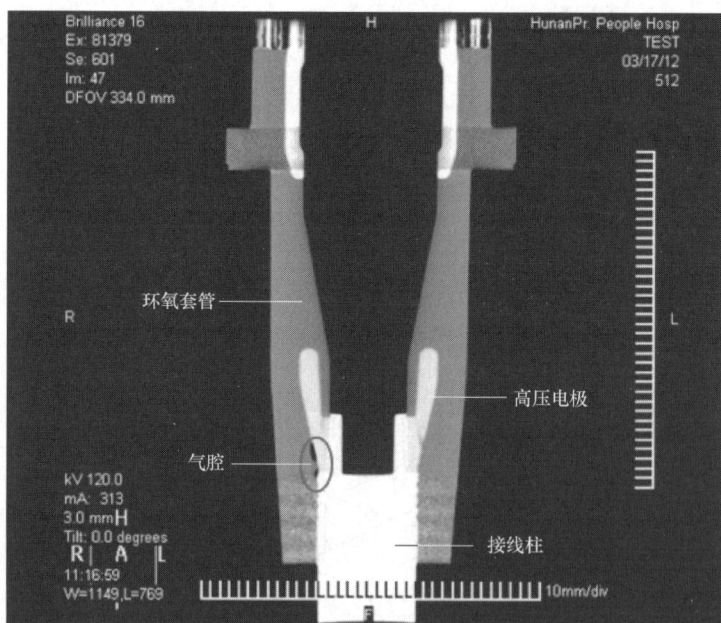

图 5-9　环氧套管整体扫描照片

进一步切开环氧套管查找缺陷点，在环氧套管高压电极与环氧树脂之间发现气隙，

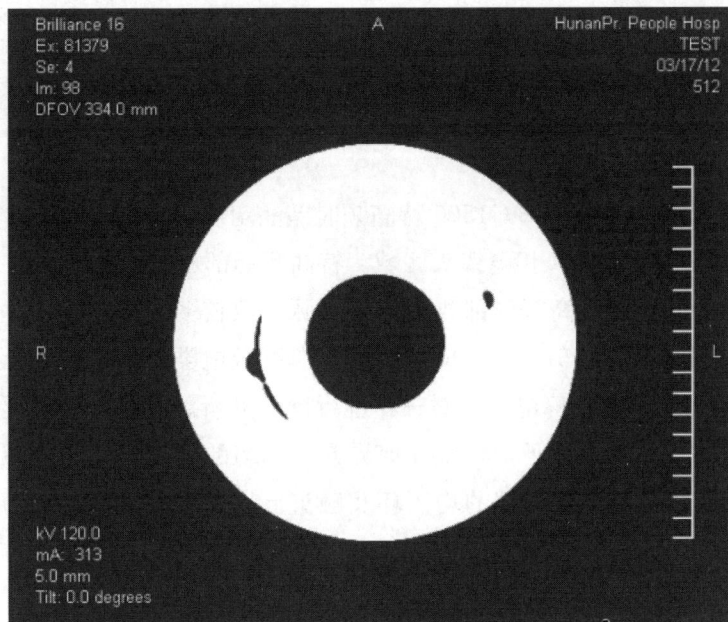

图 5-10　环氧套管缺陷点断面扫描照片

气隙位置与医用 CT 扫描结果一致，环氧套管气腔缺陷如图 5-11 所示。

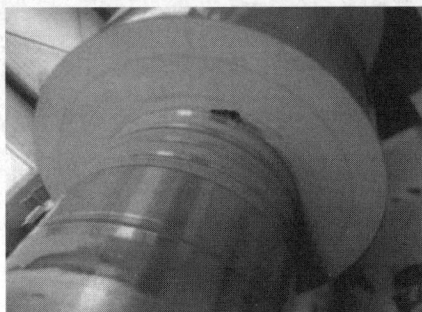

图 5-11　环氧套管气腔缺陷

2. 220kV 裕丰站 110kV 丰雪北线电缆 GIS 终端局部放电缺陷处理

（1）电缆线路基本情况：

220kV 裕丰站 110kV 丰雪北线 114 间隔电缆终端生产厂家为深圳长园电力，2017 年 5 月进行投运。缺陷发现时间 2018 年 12 月 19 日，无检修史，无故障、缺陷史。

（2）缺陷过程描述：

2018 年 12 月 19 日，检测人员发现 110kV 丰雪北线 114 间隔出线电缆终端有异常放电信号。该信号放电次数较少，幅值也较为分散，放电相位较稳定，有别于背景信号。电缆终端气室内存在绝缘气隙放电特高频信号，幅值为 57dB。高频电流测试增益为－20dB 时，有不对称的两簇信号特征。超声波局部放电检测未见明显放电特征。经高频电流定相和特高频时差定位法，定位放电位置在 110kV 丰雪北线 114 间隔出线电缆终端气室内 A 相电缆头区域，为金属性放电。

（3）检测数据分析：

检测人员通过定位仪器 PDS-G1500 特高频时差法定位，定位放电位置在 110kV 丰雪北线 114 间隔出线电缆终端 A 相电缆头区域。特高频局部放电检测 A、B、C 相电缆 GIS 终端接地线，检测到异常特高频局部放电信号，脉冲数较多，呈 180°相关性，幅值大小均有分布，最大幅值分别为 57、56、52dB，综合判断放电类型为绝缘或者悬浮放电。

对 110kV 丰雪北线间隔停电，并对三相进行拆解分析。设备检查情况如下：三相电缆终端应力锥主体与内锥绝缘子未发现任何异常；电缆的开剖尺寸和电缆附件的安装尺寸均符合工艺要求；三相电缆终端的均压环及触头上均发现放电痕迹。局部放电部位如图 5-12 所示。

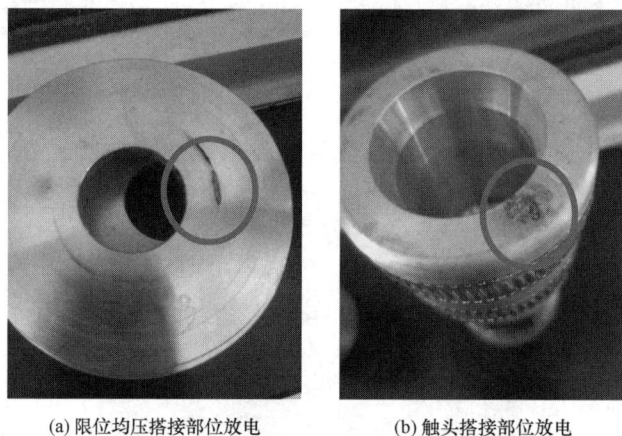

(a) 限位均压搭接部位放电 (b) 触头搭接部位放电

图 5-12 局部放电部位

根据上述检查情况，厂家技术人员判断为电缆终端在结构设计上均压环是要与触头紧密接触的，从拆解情况看，可能在安装施工环节中工人没有将触头顶紧均压环，导致限位均压环对电缆线芯及触头悬空，在运行中引起限位均压环对线芯及触头悬浮放电。

五、 超声波局部放电检测技术

在电缆中，局部放电形成电树枝的过程也会伴随着微弱的爆破，爆破产生的压力变化亦会产生声波。声波在传播过程中会引起介质（空气、设备外壳等）的振动。进行局部放电检测时，测试人员通常将超声传感器（声电换能器）通过导电硅脂黏附在设备外壳上，然后通过信号处理技术对采集的信号进行放大、滤波，并通过诊断系统对检测结果进行分析并显示诊断结果。

（一）检测要求

超声波局部放电检测对环境的要求：

（1）检测目标及环境的温度宜在－10～40℃。

（2）空气湿度不宜大于90%，若在室外不应在有雷、雨、雾、雪的环境下进行检测。

（3）在电缆设备上无各种外部作业。

超声波局部放电检测对仪器的要求：

（1）在检测时，须保证仪器电量充足。

（2）检测中应保持超声波传感器正对检测对象，并避免超声波传感器受到损伤。

（二）检测周期

依据 Q/GDW 11223—2014《高压电缆状态检测技术规范》，电缆超声波局部放电检测周期见表5-9。

表5-9　　　　　　　　　　电缆超声波局部放电检测周期

电压等级	周　　　期	说明
110(66)kV	1）投运或大修后1个月内。 2）投运3年内至少每年1次；3年后根据线路的实际情况；每3～5年1次；20年后根据电缆状态评估结果每1～3年1次。 3）必要时	1）当电缆线路负荷较重，或迎峰度夏期间应适当调整检测周期。
220kV	1）投运或大修后1个月内。 2）投运3年内至少每年1次；3年后根据线路的实际情况，每3～5年1次；20年后根据电缆状态评估结果每1～3年1次。 3）必要时	2）对运行环境差、设备陈旧及缺陷设备，要增加检测次数

（三）检测方法

超声波局部放电现场检测部位可于电缆本体、中间接头、终端等处设置测试点。测试点的选取务必注意带电设备安全距离并保持每次测试点位置一致，以便于进行比较分析。

超声波局部放电现场检测步骤为：

（1）检测前正确安装仪器各配件，连接接触式或非接触式传感器。

（2）对检测部位进行接触或非接触式检测。检测过程中，传感器放置应避免摩擦，以减少摩擦产生的干扰。

（3）对于可调频率检测仪器，开启性能调节开关，在收到频率指示后调节频率到40kHz，对设备进行非接触式检测；对于可调频率检测仪器，开启性能调节开关，在收到频率指示后调节频率到 20kHz，对设备进行接触式检测。

（4）做好测量数据记录。若存在异常，则应进行多点检测，查找信号最大点的位置，并出具检测报告。

超声局部放电检测流程如图 5-13 所示。

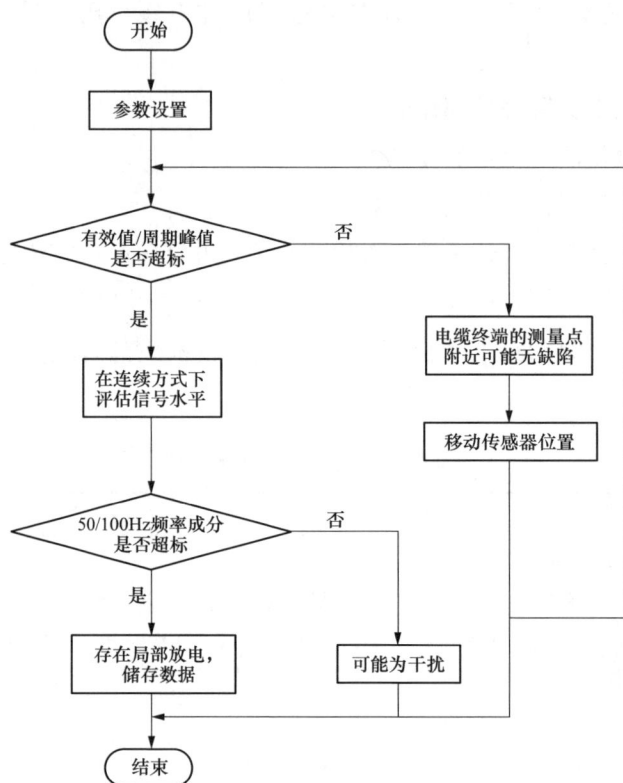

图 5-13　超声局部放电检测流程

（四）数据分析原则

（1）正常的电缆设备，不同相别测量结果应该相似。

（2）如果信号的声音明显有异，判断电缆设备或邻近设备可能存在放电，应与此测试点附近不同部位的测试结果进行横向对比（单相的设备可对比 A、B、C 三相同样部位的测量结果），如果结果不一致，可判断此测试点异常。

（3）也可以对同一测试点不同时间段测试结果进行纵向对比，看是否有变化，如果测量值增大，可判断此测试点内存在异常。

当检测到异常时，需按照相应的格式记录异常信号所处的相别、位置，记录超声波检测仪显示的信号幅值、中心频率及带宽。

六、 检测新技术

（一）光检测

X 射线探伤可用于检验材料内部缺陷情况，其技术原理是 X 射线（也可以是 γ 射线或其他高能射线）能够穿透金属材料，并由于材料对射线的吸收和散射作用的不同，从而使胶片感光不一样，于是在底片上形成黑度不同的影像。

1. 射线成像检测要求

（1）安全要求：

1) 检测单位应具备省级环境保护主管部门审批颁发的辐射安全许可证。

2) 作业人员应掌握辐射安全知识及辐射安全防护措施，射线操作人员取得省级卫生行政部门颁发的《放射工作人员证》；检测期间需登塔作业的人员，同时应具备高空作业资质。

3) 作业人员的放射卫生防护应符合 GB 18871—2002《电离辐射防护与辐射源安全基本标准》、GB/Z 117—2000《圆锥销》的有关规定。

4) 作业人员应熟悉压缩型金具液压操作工艺，了解 X 射线检测技术的基本原理和检测程序，熟悉检测系统的工作原理、技术参数和性能，掌握相关操作程序和使用方法。

5) 现场进行 X 射线检测时，应按 GB/Z 117—2000《圆锥销》的规定划定辐射控制区和辐射监督区，设置警告标志。检测工作人员应佩戴辐射个人剂量计，并携带剂量报警仪。

6) 检测工作应遵守电力安全工作规程的有关规定，当检测条件符合作业安全要求时方可进行检测工作。

7) X 射线现场检测不宜在雨、雾、雪等恶劣天气及风速超过 5 级的环境下进行。

（2）现场检测要求：

1) 检测用 X 射线机应提供稳定电源，确保设备正常平稳工作。

2) 采用有线传输测量方式时，应防止传输线碰触带电体。

3) 作业人员应在探伤作业前对仪器再次进行检查，并撤离至安全位置。

4) 操作 X 射线机曝光时，作业人员应保持足够的安全距离。

5) 检测工作完成后，应拆除所有接地线。

（3）技术要求：

1) 在实际检测时，应针对检测对象的不同材料、不同透照厚度合理选用管电压。

2) 应按照检测速度、检测设备和检测质量的要求，通过协调管电流和曝光时间等参数来选择合适的曝光量，其调节原则为：①通过增加曝光量达到提高信噪比，提高图像质量的目的。②在满足图像质量、检测速度和检测效率要求的前提下，可选择较低的曝光量。③平板探测器数字射线照相（DR）可通过合理选择帧频、图像叠加幅数和管电流来控制曝光量。④胶片射线检测和计算机辅助射线照相（CR）可通过合理选择曝光时间和管电流来控制曝光量。⑤检测时应将每组有效的 X 射线图像做好标记，包括线路名称、调度编号、接头、电缆本体编号、相别、透照日期等信息。当采用胶片式射线检测时，应采用铅字方式成像于胶片上；当采用数字射线方式检测时，识别标记可通过计算机写入，但应保证不能被随意更改。

2. 检测案例

X 射线检测案例：

2014 年 4 月 13 日，某供电公司所辖 110kV 某线路因附近道路施工，造成电缆外护套破损，电缆弯曲，现场情况见图 5-14。该线路全长 6.8km，2011 年 6 月开始投运。线路中电缆总长 1.59km，事故区域采用排管敷设方式，外围采用混凝土浇注结构，电缆型号为 YJLW03-64/110kV-1×630。

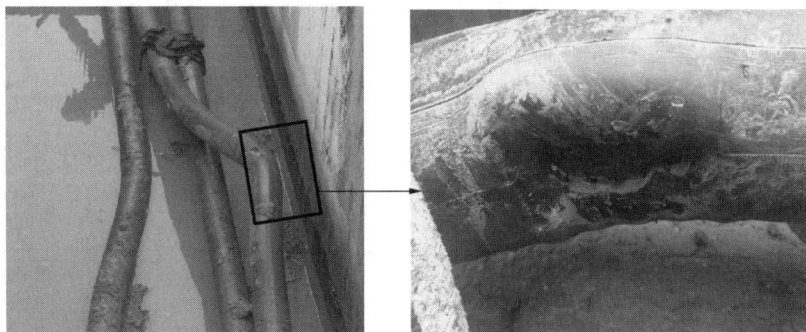

图 5-14　现场情况

为帮助判断外力破坏对电缆造成的损失及对其性能造成的影响，对塌方区域电缆进行 X 射线检测，最终得到的射线图像见图 5-15。

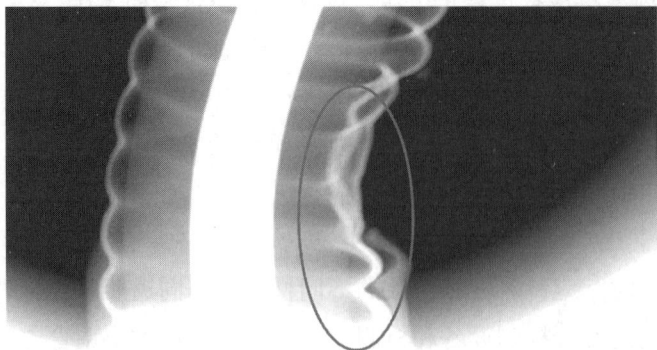

图 5-15　最终得到的射线图像

图中检测区域内电缆各部分结构清晰，但椭圆框内皱纹铝套和正常位置绝缘边界延长线相交，说明该区域皱纹铝套已压入绝缘层，绝缘层受损。结论如下：

（1）从底片上看，外力作用区域绝缘已受损。

（2）根据相关评价导则的要求，对于电缆本体变形，劣化等级判为Ⅲ级，单项扣分24，则电缆设备处于异常状态。

（3）对于110kV及以上的高压、超高压电力电缆，由于绝缘厚度设计裕度较低，一旦电缆主绝缘受损，将会直接影响电缆线路的安全稳定运行，甚至发生电缆本体击穿事故。根据此次X射线检测结果，外破位置电缆主绝缘变形受损，形成绝缘局部薄弱点，危害电缆安全运行，建议割除受损部位，采取制作中间接头方式进行修复；同时检查该电缆两端接头，确保运行安全。

（二）涡流探伤检测

涡流探伤法就是运用电磁感应原理，将激励电流信号I加到探头线圈，当探头接近导体材料时，线圈周围的交变磁场在导体材料表面产生电涡流，电涡流也会产生一个磁场。在磁场的作用下，探头线圈中电流大小和相位都将发生变化，这些变化与电涡流强度、被测体的导电率、磁导率、几何尺寸、激励电流、电流频率及探头线圈与被测体之间的距离等有关。

1. 检测要求

（1）检测前，应对被检电缆附件形状、尺寸、位置等有足够的了解，以便于合理选择检测系统及方法。

（2）检测作业场所附近不应有影响仪器设备正常工作的磁场、振动、腐蚀性气体及其他干扰。

（3）检测作业场所附近不得有火源、易燃、易爆品等。

（4）实施检测的场地温度和相对湿度应控制在仪器设备和被检件允许的范围内。

（5）涡流检测系统性能应满足相关标准要求，有关仪器性能的测试项目与测试方法参照GB/T 14480《涡流探伤系统性能测试方法》的有关要求进行。

（6）检测仪器应具有可显示检测信号幅度和相位的功能，仪器的激励频率调节和增益范围应满足检测要求。

（7）检测线圈的形式和有关参数应与所使用的检测仪器、检测对象和检测要求相适应。

（8）记录装置应能及时、准确记录检测仪器的输出信号。

2. 检测案例

（1）110kV商沿东1091线—商江东1092线涡流探伤检测：

110kV商沿东1091线起于220kV商务变电站，中间接至110kV沿江变电站，止于

110kV 东门变电站，为纯电缆线路，其中商务变电站至 3 号电缆井电缆线路型号为 YJLW03-64/110-1×630mm²，3 号电缆井至沿江变电站电缆型号为 YJLM0364/1101×400mm²，至东门变电站电缆线路型号为 YJLW03110/1×400mm²，线路总长度 7.737km，全线共有 10 组中间接头，1 组户内终端，3 组 GIS 终端，于 2001 年投产。

110kV 商江东 1092 线起于 220kV 商务变电站，中间接至 110kV 沿江变电站，止于 110kV 东门变电站，为纯电缆线路，其中商务变电站至 3 号电缆井电缆线路型号为 YJLW03-64/110-1×630mm²，3 号电缆井至沿江变电站电缆型号为 YJLM0364/1101×500mm²，至东门变电站电缆线路型号为 YJLW03110/1×400mm²，线路总长度 7.737km，全线共有 9 组中间接头，1 组户内终端，3 组 GIS 终端，于 2006 年投产。

2018 年 4 月，涡流探伤厂家工作人员配合检修三班对商沿东 1091 线、商江东 1092 线沿江变电站、东门变电站开展封铅检查工作。商沿东 1091 线涡流探伤检测见图 5-16。

图 5-16　商沿东 1091 线涡流探伤检测

通过涡流探伤检测发现，商沿东 1091 线东门变电站侧 A 相电缆终端头封铅存在明显异常信号，信号幅值大于检测标样设置的检测灵敏度。通过涡流探伤检测发现，沿江变电站侧 SF₆ 气室 B4 接头 B 相有异常信号，信号幅值大于检测标样设置的检测灵敏度。4 月底，温州公司利用商沿东 1091 线停电机会，拆除东门变电站侧 A 相终端头绝缘包带后发现，终端头塘铅部位表面有直径 1cm 的破损点。商沿东 1091 线终端头塘铅部位破损点见图 5-17。

5 月初，结合商江东 1092 线停电，工作人员对沿江变电站侧 B 相终端头进行检查，拆除绝缘包带后发现，检测部位塘铅存在异种金属介质。商沿东 1092 线终端头塘铅部位异种金属见图 5-18。

发现商沿东 1091 线东门变电站侧 A 相终端头塘铅破损重大缺陷后，温州公司立即组织召开专项讨论会，对缺陷原因、消缺方案等进行讨论分析，决定对商沿东 1091 线东门变电站 A 相电缆终端头进行更换。4 月 24 日，完成终端头消缺工作。

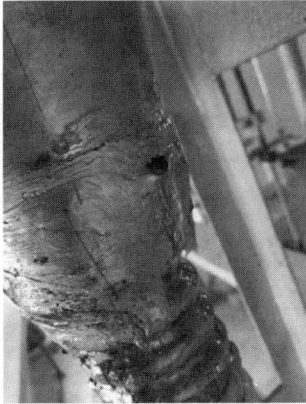

图 5-17　商沿东 1091 线终端头
塘铅部位破损点

图 5-18　商沿东 1092 线终端头
塘铅部位异种金属

（2）110kV 九东 1405 线电缆终端铅缺陷分析报告：

1）缺陷概述：

2018 年 7 月 13 日，绍兴公司采用多通道涡流探测仪对九东 1405 线 GIS 终端进行铅封区域无损探伤检测，在 B 相环切方向有 1/3 区域发现有异常涡流信号显示，信号幅值大于检测标样设置的检测灵敏度。随后对不同检测位置所得结果进行对比分析，认为该线路终端封铅不完整，判断为严重缺陷，后对该处铅封开展解体检查，确认存在缺陷。

九东 1405 线 11 号渡东变电站 GIS，投运日期为 2010 年 4 月，电缆型号为 YJLW03-64/110-1×630，厂家为杭州某公司，电缆附件厂家为江苏某公司，电缆长度为 220m，最后试验日期为 2017 年 6 月 24 日。

2）检测方法：

涡流检测就是运用电磁感应原理，将激励信号加到探头线圈，当探头接近金属表面时，线圈周围的交变磁场在金属表面产生感应电流。对于平板金属，感应电流的流向是以线圈同心的圆形，形似旋涡，称为涡流。涡流的大小、相位及流动形式受到试件导电性能的影响。涡流也会产生一个磁场，这个磁场反过来又会使检测线圈的阻抗发生变化。因此当导体表面或近表面出现缺陷或测量的金属材料发生变化时，将影响到涡流的强度和分布，涡流的变化又引起了检测线圈电压和阻抗的变化，根据这一变化，就可以间接地发现导体内缺陷的存在及金属材料的性能是否有变化。

图 5-19 是一个最基本的涡流探伤仪器原理图。振荡器产生的交变电流流过线圈，当探头线圈移动经过裂纹处时，所产生的涡流减小，因此，线圈阻抗发生变化并通过电能表指示出来（假设电流保持常数的条件下）。

涡流探伤不仅对于导电材料表面上或近表面的裂纹、孔洞及其他类型的缺陷，涡流

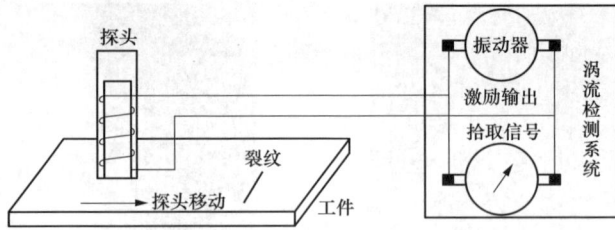

图 5-19   涡流探伤仪器原理图

试验具有良好的检测灵敏度并能提供缺陷深度的信息。

3）检测过程：

根据工作计划，绍兴公司于 2018 年 7 月 10 日对 110kV 渡东变电站电缆终端进行检测，检测过程中发现九东 1405 线 B 相终端信号异常，九东 1405 线 B 相图谱如图 5-20 所示，其他正常相图谱如图 5-21 所示。

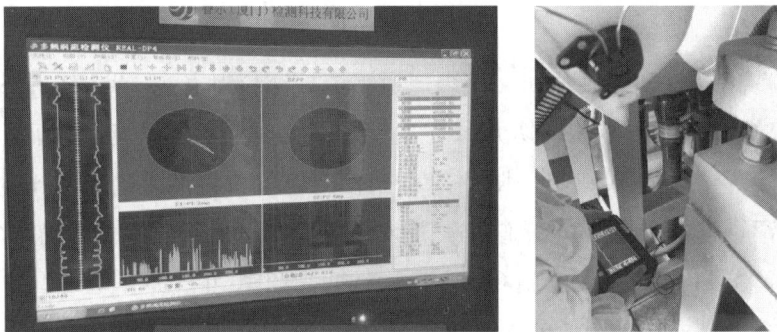

图 5-20   九东 1405 线 B 相图谱

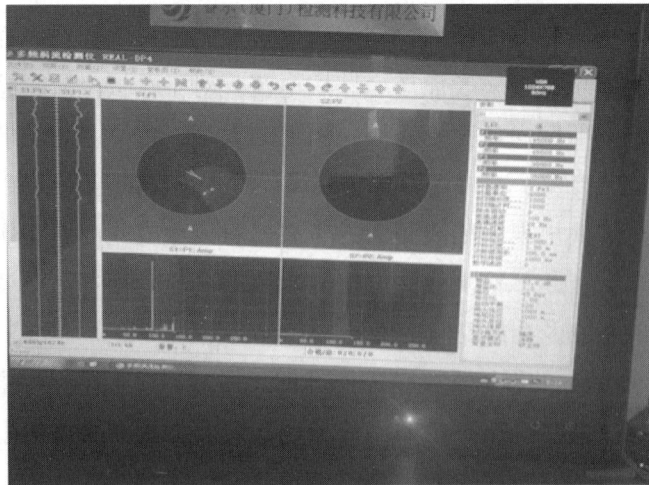

图 5-21   其他正常相图谱

为了保证检验的精确性，现场分别采用两种不同品牌的涡流设备进行检测，在相同区域都发现存在异常涡流信号。经过仔细分析比对验证，确认九东 1405 线 B 相封铅存在缺陷。

4）缺陷处理：

2018 年 7 月 28 日，绍兴公司对 220kV 渡东变电站 110kV 九东 1405 线 GIS 电缆终端进行缺陷处理。

现场对该 GIS 终端封铅部位进行解体检查，发现该终端在封铅的位置严重缺铅，仅在接地线连接线的位置进行搪铅，长度不足电缆圆周的三分之一，完全起不到密封固定的作用，解体照片如图 5-22 所示。

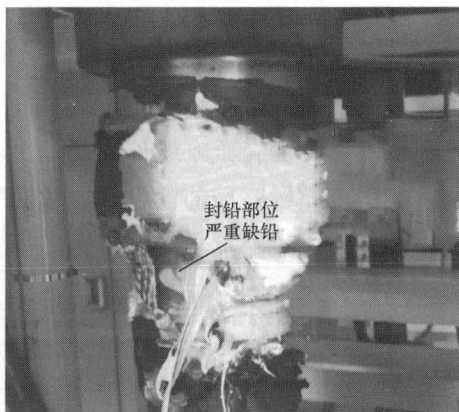

图 5-22　解体照片

现场对该电缆终端的封铅重新进行了处理，封铅完成后采用大电流压降法进行导通测试，测试结果为 14μΩ，符合标准要求，缺陷处理后图片如图 5-23 所示。

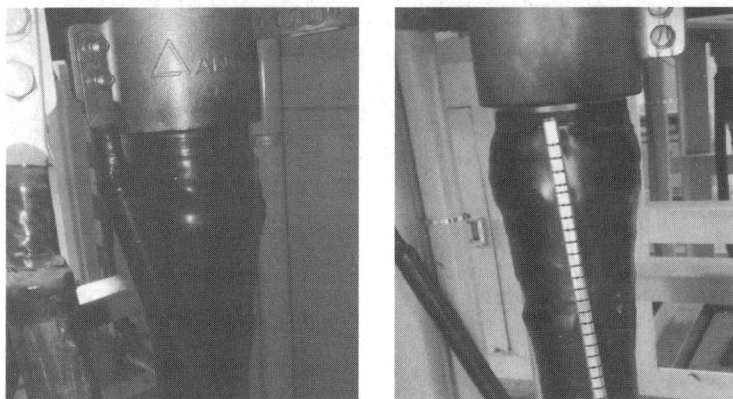

图 5-23　缺陷处理后图片

5）缺陷原因分析：

经解体检查发现，导致本次缺陷的主要原因为现场施工人员未按照施工工艺要求进行施工，具体如下：①现场发现 GIS 出线间隔空间狭窄，B 相终端位于最内部，紧靠 GIS 母线筒支座，施工空间非常有限，动火作业难度大。②现场施工人员存在侥幸心理。③检查竣工资料，无监理旁站记录。多重因素导致该项终端漏封铅。

思考和练习：

（1）高频局部放电检测主要应用在哪种场合？

（2）涡流检测封铅缺陷注意事项是什么？

第二节　本体及附件在线监测

电缆本体及附件在线监测系统主要由高压电缆护层接地电流在线监测系统、电缆接头红外矩阵式在线测温系统、高压电缆线路局部放电在线监测系统、电力电缆故障区段定位系统、隧道环境监控及设备自动化控制系统、电力隧道进出口门禁安全管理系统及电力隧道防外力破坏地音监测预警系统等应用系统组成。

基于此监测系统，智能化电缆隧道可实现全区域、全网络的监控，从根本上实现电缆隧道巡检模式的全新变革，实现真正意义的自动巡视和状态检修，提前发现电缆线路和电缆通道的异常情况，确保电缆线路及电缆通道安全可靠运行，使建设的电缆隧道成为国内外智能化水平最高的电缆隧道。

一、光纤测温

分布式光纤测温系统的原理是利用光纤的后向拉曼散射的温度关系以及光纤的光时域反射原理。感温光缆采集被测设备各个位置的拉曼散射光脉冲并回传，通过在发射端接收并分析散射光中受温度调制的反斯托克斯光脉冲，实现对温度的监测。同时利用光时域反射技术，根据反斯托克斯光脉冲的回波时间，实现对感温点的定位。

（一）测试要求

光纤测温系统的接入不应改变电缆线路的连接方式、密封性能、绝缘性能及电气完整性，不应影响现场其他设备的安全运行。

1. 测温光缆

（1）单模光纤特性应符合 GB/T 9771（所有部分）《通信用单模光纤》的有关规定，多模光纤应符合 GB/T 12357（所有部分）《通信用多模光纤》的有关规定。

（2）测温光缆的最小弯曲半径应至少满足电缆线路最小弯曲半径的要求。

（3）结构在电缆线路最小弯曲半径情况下不应出现断裂等情况。

（4）如有阻水、阻燃要求，可采用合适的阻水、阻燃材料填充，阻水、阻燃材料应不损害光纤测温及传输特性和使用寿命。

2．测温主机

测温主机应具有完整的光信号产生、传输及处理，数据采集、分析及存储，以及通信等单元，并应具备如下基本功能。

3．电缆线路运行温度实时在线监测

电缆线路运行温度实时在线监测指的是实时测量电缆结构层的温度及温度分布，实时显示电缆线路运行温度的最大值、最小值和平均值等。

4．热温点的测量与定位

对电缆线路上的热温点可实时进行温度测量及定位，可对热温点的位置变化进行连续测量与记录。

5．数据通信

应满足相关通信标准要求，可与综合监测单元或站端监测单元进行信息数据交换；具有接收和执行远程对时、参数调阅和命令设置的功能。可采用 RS485 等其他辅助通信方式。

6．报警功能

异常情况下应自动启动报警，并将报警信息（位置、温度、时间等）按相关通信标准上传至上级综合监控平台，并可通过短信平台等途径通知相关人员。报警限值应不少于两级设置，报警事件的准确率应不低于 99％。应至少具有，但不限于以下报警功能：

（1）温度超限报警：

可分区设置超温报警值，当监测温度超过报警设定值，以及导体温度计算值超过报警设定值时启动报警。温度超限报警的最高限值为监测温度超过 50℃。

（2）温升速率报警：

可分区设置升温速率报警值，规定时间内当监测温度变化超过设定值时启动报警。温升速率报警最高限值为在相邻测量周期内温度升高超过 2℃。

（3）温差报警：

当电缆线路三相运行温度差值超过设定值时，或当电缆线路某段温度最高值和线路平均值的差值超过设定值时启动报警。温差报警的最高限值为温度差值超过 15℃。

（4）温度异常点报警：

当电缆线路某一点的温度值与其周围 5m 内的其他点的温度值的差值超过设定值时

启动报警。温度异常点报警的最高限值为温度差值超过 10℃。

（5）功能异常报警：

当光纤测温系统的通信、温度测量、温度计算等功能出现异常情况时应启动报警。

7. 监测计算软件的基本功能

（1）电缆线路导体温度计算：

应能实时计算电缆线路的导体温度值及温度分布，实时显示电缆导体温度的最大值、最小值和平均值等。

（2）电缆线路动态载流量计算：

应能实时计算出电缆线路的动态载流量，给出电缆线路的最大允许载流量与允许时间及电缆导体温度的对应关系。

（3）数据保存及事件识别：

应完整存储电缆线路运行温度、导体温度、负荷电流、热温点温度及位置等数据，具有断电不丢失数据、数据自动定期保存及数据备份的功能，具有上传数据及异常数据单独保存功能，异常情况下应能够正确建立事件标识。

（二）监测案例

浙江杭州湘湖 220kV 电缆隧道，一台新研制的智能机器人在来回巡视，湘湖 220 kV 电缆管廊隧道全线位于湘湖湖底，全长 1327m，是国内在水底投运的第一条电缆隧道，在 1327m 长的隧道管廊内集成了包括高压电缆局部放电在线监测、接地电流在线监测、分布式光纤测温，内部环境在线监控、视频监控、身份识别与防护屏蔽、紧急对讲系统、可监测遥控电力隧道井盖、星形拓扑光纤通信、前置子系统数据接口等十几项监测技术和功能，各个子系统均能够独立运行，其数据通过前置系统数据接口进行整合，与杭州市电力局输电线路监控中心相连。通过智能机器人不间断巡视，发现异常情况可以适时传输至监控中心，使线路运检人员足不出户即可掌握电缆隧道内部设备、人员的情况，实现综合智能监控与智能逻辑连锁的管控一体化。

二、 局部放电监测

电缆现场情况复杂、接头数多，现场采用分布式方法进行局部放电检测。该技术是在同一条电力电缆线路上同时布置多个测试点，同时对每个测试点的局部放电数据进行精确同步采样，将每个测试点的局部放电数据上传至远程服务器进行异地存储和实时分析。系统宜采用高频脉冲电流法，对运行状态下高压交流电缆的局部放电状态量进行连续或周期性自动监测，应对监测数据进行长期存储、管理、综合分析，以数值、图形、表格、曲线和文字等形式进行展示和描述，能反映局部放电状态量的变化趋势，并在局部放电状态量异常时进行报警。

（一）监测要求

（1）户外装置正常工作条件、内装置正常工作条件应符合相关标准的要求。

（2）每回高压交流电缆的监测系统投运后至少满足年故障次数不超过 2 次或平均失效间隔时间（MTBF）大于 5000h。

（3）监测功能：

1）局部放电在线监测系统宜布置在接地线的同轴电缆处。

2）局部放电在线监测系统应有稳定的电源供电，装置的外壳防护等级应达到 IP65。

3）信号采集单元应具备高压交流电缆局部放电状态量的自动采集、信号调理、模数转换和数据预处理功能。

4）信号采集单元应能够将高压交流电缆局部放电状态量就地数字化和缓存，并根据需要定期将监测信息发送至监控主机。

5）监测系统应具备干扰抑制功能，可抑制高压交流电缆线路内部及外界的干扰信号，如连续性窄带干扰、固定相位脉冲干扰、随机性脉冲干扰等。

6）监测系统应具备手动检测功能。

（4）数据记录功能：

1）监控主机应具备局部放电状态量特征参数（放电量、放电相位、放电次数、放电量-放电相位图谱等）的自动记录与就地存储功能，存储时长应不小于 1 年。

2）监测系统应具有数据保护功能，不应因供电电压中断、快速或缓慢波动及跌落丢失已储存的监测数据。

3）监测系统应具有数据管理功能，应能导出备份超过规定存储时长的数据，并应具备历史数据浏览功能。

4）应具备至少 1 年的数据储存能力，储存内容包括等效放电量、相位、重复率，以及必要的局部放电信号的原始波形等表征参量及检测辅助信息，数据库应具备自动检索、历史数据回放和数据导出功能。

（5）数据分析功能：

1）监测系统应能提供放电量、放电相位、放电次数等基本的局部放电状态量特征参数，展示二维、三维放电图谱，具备各种统计特征参数展示功能。

2）监测系统应具备数据分析与识别诊断功能。

3）监测系统应能以图形、曲线、报表等方式对局部放电状态量的变化趋势进行统计、分析和展示，时间段、时间间隔应可选。

4）监测系统报警时，应能切换至手动检测与分析模式。

5）监测系统发现放电或放电活动趋势异变后，应具备辅助查找放电源位置的功能。

6）监测系统应提供离线分析功能。

（6）报警功能：

监测系统应能实现局部放电状态量检出报警，宜具备在预设的监测周期内变化趋势异常报警功能，可设定报警条件。报警信息应能上传至综合监测分析系统，且宜同时发送至用户的手持式移动终端。监测系统异常情况下应能建立事件日志。

（7）通信功能：

1）信号采集单元和监控主机之间的通信应满足监测数据交换所需要的、标准的、可靠的现场工业控制总线、以太网络总线或无线网络的要求。

2）监控主机应能够将经过处理的数据发送至综合监测分析系统；监控主机与综合监测分析系统之间应采用 DL/T 476—2012《电力系统实时数据通信应用层协议》或用户要求的其他标准通信协议进行通信。

3）在线监测系统应满足信息安全防护方面的相关要求。

4）在线监测系统应具有时钟同步功能，实现系统内各部分的时钟同步。

（8）检测频带：

采用高频脉冲电流法的监测系统信号检测频带至少应包含 200kHz～20MHz。

（9）测量灵敏度：

为便于对比分析局部放电在线监测系统的测量结果，放电量单位宜统一为 pC，放电量幅值计算宜采用在规定的检测频带内对放电脉冲电流进行频域积分。

在实验室环境下，监测系统中所有信号采集单元的最小可测局部放电幅值不应大于 5pC。

（10）装备试验项目及要求：

1）试验环境：

除环境适应性试验和在现场进行的试验之外，其他试验项目应在以下试验环境中进行。

a）环境温度：15～35℃（户外试验不做要求）。

b）相对湿度：≤75％。

c）大气压力：80～110kPa。

2）型式试验：

当出现下列情况之一时，应进行型式试验：

a）新产品定型后、投运前。

b）正式投产后，如设计、工艺材料、元器件有较大改变，可能影响产品性能时。

c）产品停产两年以上又重新恢复生产时。

d）出厂试验结果与型式试验有较大差异时。

e）合同规定进行型式试验时。

（二）监测案例

1. 广州供电局"输电电缆及隧道状态监测系统"

广州供电局研发的"输电电缆及隧道状态监测系统"，引入了目前国际上最先进的高压电缆局部放电在线监测和智能分析报警技术；开发了电缆表面温度计算导体温度软件，实现了电缆导体温度和载流量的实时监测等；成功应用于担负广州亚运会主会场和广州中心商业区供电任务的12回路电缆线路上。

2. 110kV 电缆终端头局部放电在线监测异常缺陷处置案例

（1）缺陷发现过程：

2016 年 1 月底，某供电公司进行了高压电缆终端局部放电在线监测系统的研究，在 4 条 110kV 线路电缆终端各安装了一套高压电缆终端局部放电在线监测装置。经过一个多月的监控，发现 110kV 某线 B 相电缆终端有疑似局部放电的现象发生，其他三条线路终端工作正常。

对一个多月的 110kV 某线终端图谱进行取样研究，通过进行系统中历史图谱对比，可以看到，当环境背景噪声较小时，图谱中有少量放电现象发生，并且有的放电图谱处于对称状态，但也有处于悬浮状态的。而当背景噪声变大时，则放电图谱消失，这可能是被噪声所掩盖的。

为了验证电缆终端是否有局部放电的发生，于 2016 年 3 月 3 日，对 110kV 聚驼线进行了停电检修。

（2）缺陷形成原因分析：

2016 年 3 月 3 日，检修人员对电缆终端开展了解剖检查工作。B 相电缆终端的应力锥拔出后，发现在电缆的外半导电口上方约 20mm 处有放电痕迹，并有肉眼可见的黄色斑痕和一条长约 1cm 的黑色斑痕，用无水酒精擦拭后，黄色斑痕可清除，黑色斑痕依然存在。

根据解剖检查的情况，对于 110kV 聚驼线 B 相电缆终端局部放电在线监测异常缺陷的形成原因初步判断如下：

在电缆终端安装主绝缘处理工艺中，施工人员对于外半导电断口向上 40cm 内的主绝缘表面工艺处理不到位，绝缘表面处理不匀整，且有一处较深的印记（黑色斑痕处），可能是利用玻璃片刮除外半导电层时损伤，造成应力锥与电缆主绝缘表面有间隙，长时间局部放电形成黑色碳化痕迹，同时伴有过热现象，造成周边外绝缘表面受热后变黄。

（3）缺陷处理方法：

南京公司立即组织检修人员对 110kV 聚驼线 B 相电缆终端进行停电更换。检修后，运行人员再次组织对该线路终端头进行局部放电检测和红外测温，检测数据值正常。

（4）防范措施及经验体会：

1）组织运行单位对于同批次同结构的电缆终端头进行带电局部放电检测，排查是否存在类似质量隐患。

2）在施工验收阶段，对于电缆终端安装的关键工序，运行单位应做好监督和中间验收工作，必要时进行旁站，避免电缆带缺陷运行。

3）积极推进电缆带电局部放电检测工作，积累局部放电检测经验，排查电缆线路隐患。

三、 接地环流监测

（一）影响因素分析

电力电缆线路投入运行后，其金属屏蔽中存在接地电流。接地电流主要包括容性电流、阻性电流和感应环流。

（1）容性电流：

电力电缆中存在分布电缆电容，如单芯电缆导体对金属屏蔽电容、三芯电缆导体间，以及与金属屏蔽电容、金属屏蔽对地电容。

（2）感应环流：

电缆线路金属屏蔽中有感应电动势，而金属屏蔽或直接接地或经交叉互联保护接地，从而与大地构成回路，形成接地感应环流。由于此电流是金属屏蔽感应电动势作用在接地回路而产生的，因此称此电流为接地感应电流或感应环流。

单芯电缆感应环流的产生机理与感应电压机理基本相同。单芯电力电缆金属屏蔽感应电压作用于电缆金属屏蔽，形成感应电流。同理，感应电流的幅值和相位与线芯截面积、电缆间距离、电流矢量、电缆长度，以及相邻电缆线路的负荷电流等因素密切相关。

电缆线路外护套遭化学侵蚀、外力破坏，引起金属屏蔽出现多点接地，金属屏蔽接地环流将迅速增加而产生焦耳热，热损耗大大增加使得电缆载流量明显下降、主绝缘材料在电热加速老化过程中逐渐损坏，最终电缆线路发生运行击穿事故。

电缆运行参数复杂，影响电缆金属屏蔽环流值因素非常多，金属屏蔽环流大小主要由感应电动势、回路阻抗等参数决定。而单芯电缆金属屏蔽感应电动势不但取决于电缆相间电压和负荷电流，还取决于电缆排列方式和线路长度，以及与有无回流、回流线根数有关；回路阻抗也与电缆敷设环境，接地性质有关。因此，感应环流理论计算过程较复杂。

当电缆采用两端直接接地时，金属护套可以与大地形成回路，计算出各相感应电压和回路阻抗，根据欧姆定律即可得回路感应环流；而采用一端接地、另一端通过保护器接地方式时，保护器电阻无穷大，因此感应电压在回路中不能形成感应环流。当电缆采用交叉互联接地时，感应电流的计算较为复杂，电缆分段之后，每小段都会产生感应电压，交叉互联将不同相的三小段护套连在一起，因而三段电缆之间的感应电压会形成一个合成电压，当电缆敷设对称、分段均匀时三段电缆的感应电压幅值相等、相位相差120°，此合成电压为零，金属屏蔽上无环流。当电缆敷设不对称、分段不均匀或交叉互连接线错误均导致合成电压不为零时，环流也随电压的增加而增大。

电缆金属屏蔽上产生感应环流有两个必要条件：一为金属屏蔽产生感应电动势；二为此感应电动势能形成回路。根据这两个条件可以将影响感应环流的因素总结如下：

1）负荷电流与电缆长度：

电缆金属屏蔽上产生感应环流的大小与金属屏蔽上产生的感应电动势有直接关系，根据感应电动势的计算公式，此值与电缆的负荷电流与长度成正比关系，因此负荷电流与电缆长度是感应环流的直接影响因素。

2）接地方式与电缆敷设方式：

当电缆线路很短，线路可能会采用两段直接接地的方式，由于金属屏蔽回路阻抗很小，产生的金属屏蔽感应环流值很大。当线路较短时，一般采用电缆金属屏蔽层一端直接接地，另一端通过保护器接地；正常运行时，保护器阻值无限大，金属屏蔽不能与大地形成回路，故不存在感应环流。

当电缆线路较长时，一般会采用金属屏蔽分段、交叉互联的接地方式，线路更长时还会采用连续交叉互联的接地方式。此时，金属屏蔽上的感应环流与电缆的敷设方式和分段是否均匀有很大关系。经过计算，只有一种情况下不产生感应环流，即电缆采用品字形敷设，且3小段长度相等，此时三相金属屏蔽上感应电压幅值相等、相位相差120°，三小段长度之间感应电压累加可以完全抵消，总的感应电压为零，则没有环流产生。

电缆采用其他方式敷设，或分段不均匀都会使感应电压不能完全抵消，产生环流，而环流的大小与负荷电流、敷设的对称性、各小段的长度及分段的均匀性有直接的关系。此外，交叉互联时接线错误也会导致金属屏蔽回路上产生较大的环流。

3）线路故障导致的多点接地：

多种线路故障，如电缆外护套受外力机械破坏、腐蚀、虫咬、护套绝缘老化击穿，以及过电压限制器的损坏，都会导致金属屏蔽的多点接地而形成回路，金属屏蔽中的感应电动势则会在金属屏蔽中形成感应环流。

4）多回路之间的感应：

随着城市用电量的增加，为了节省土地资源和施工成本，同时便于对电缆线路的规范管理，各电力公司或用电大客户都在电缆通道内敷设多条电缆回路。当电缆内通有交变电流时，各回路都会在金属屏蔽上产生感应电压，因此金属屏蔽上除了本回路的线芯会产生的感应电压外，其他回路也会产生感应电压而形成叠加，所以多回路之间的感应也能对金属屏蔽上的感应环流造成影响。

（二）监测要求

（1）应能实时监测单芯电缆的金属护层电流值，并能实现数据上传。

（2）装置的信号采集单元分辨率应为 12 位及以上。

（3）应具备至少一年的数据储存能力，储存内容包括监测时间、被监测设备相别、接地电流、位置等参数信息。

（4）应具备三相差异分析及异常报警功能。

（5）通信系统应确保隧道内运维人员与隧道监控中心及外部正常通信。

（6）对于一侧连接变电站的隧道，其监测数据应采用光纤直接接入内网；两侧皆不与变电站连接的隧道，其监测数据也应接入内网，数据的接入及功能应与省级管控平台建设工作衔接。

（7）信息接入应严格执行国网信息安全相关要求规定。

（8）信息采集类终端不得使用互联网或信息外网直接通过安全接入平台接入信息内网。

（9）终端业务数据应加密储存。

（10）在终端使用过程中如果发生网络断开、访问业务系统出现异常、安全专控软件起运的情况，安全专控软件应记录日志。

（11）链路检测功能，系统定期对网络节点进行检测，自动诊断链路故障。

（12）对环流的当前值与历史值进行分析，如果增大到某一数值，系统发出警报；对环流变化率的当前值与历史值进行分析，如果增大到某一数值，系统发出警报；对环流与线芯电流的比值进行分析，如果增大到某一数值，系统发出警报；对环流与线芯电流的比值变化率进行分析，如果增大到某一数值，系统发出警报；对接地线是否被盗进行判断，如果接地线被盗，则判断出被盗接地线的具体位置并发出报警。

（13）接地电流采集器和接地电流传感器有过电流保护措施。

第三节　通道在线监测

随着社会的快速发展，我国对电力设备的基础建设步伐加快。同时，电力电缆通道的建设速度也快速增长，为供电需求提供了有力保障。但是，随着电缆通道的不断推进，其在维护和管理工作中面临较多的问题。因此，电力电缆通道在线监测系统的需求不断增加。该部分结合电缆通道的实际需求，结合现有的通道在线监测技术和设备，对影响电缆通道正常工作的几类常见问题进行分析和介绍。

隧道内环境监测装置应满足 Q/GDW 11455《电力电缆及通道在线监测装置技术规

范》中的相关要求。

隧道内环境监测装置的配置原则为：

（1）一级电缆隧道应配置分布式光纤测温、火灾报警、重点区域自动灭火、水位监测及自动排水、有毒有害气体监测、通风系统、井盖监控、视频监控、无线通信等装置；宜配置智能巡检机器人、防外破和沉降监测装置。

（2）二级电缆隧道应配置分布式光纤测温、火灾报警、重点区域自动灭火、水位监测及自动排水、有毒有害气体监测、通风系统、双层防盗井盖等装置；宜配置无线通信、视频监控、防外破和沉降监测装置。

（3）三级电缆隧道宜配置分布式光纤测温、火灾报警、双层防盗井盖等装置；可配置水位监测及自动排水（易积水区域应安装）、有毒有害气体监测、通风系统等装置。

隧道内电缆本体监测装置的配置原则为：

（1）敷设在隧道内的330kV及以上电缆本体应配置局部放电在线监测系统、分布式光纤测温系统、护层接地电流监测系统。

（2）一级电缆隧道内敷设的110（66）kV及以上电缆本体应配置分布式光纤测温系统、护层接地电流监测系统；220kV电缆本体宜配置局部放电在线监测系统。

（3）二级电缆隧道内敷设的110（66）kV及以上电缆本体应配置分布式光纤测温系统、护层接地电流监测系统。

（4）三级电缆隧道内敷设的110（66）kV及以上电缆本体可配置分布式光纤测温系统、护层接地电流监测系统。

一、温度监测

（一）技术原理

分布式光纤测温系统的原理是光纤的后向拉曼散射的温度关系及光纤的光时域反射原理。感温光缆采集被测设备各个位置的拉曼散射光脉冲并回传，通过在发射端接收并分析散射光中受温度调制的反斯托克斯光脉冲，实现对温度的监测。同时利用光时域反射技术，根据反斯托克斯光脉冲的回波时间，实现对感温点的定位。

（二）检测案例

1. 某湖隧道综合监控项目

设计一套8通道10km的分布式光纤测温系统设备，应用于业主电缆隧道110kV两回路高压电缆实时在线测温及隧道顶端环境测温，如图5-24所示。测温光缆采用直线型方式进行捆扎敷设，重点监测每500m一个的电缆接头实时温度，并按客户要求加装短信报警模块，起到提前预警的作用。该项目选用的分布式光纤测温系统，包含8通道光纤测温主机和双芯测温光缆，可实现对全区域的监控，按"无人值班"设计，实时将报警信息上传至综合监控系统。项目至今，光纤测温系统运行情况良好，技术指标完全符合设计要求。

图 5-24　电缆隧道分布式光纤测温系统

2. 电缆隧道 220kV 两回路高压电缆实时在线测温

设计一套 8 通道 10km 的分布式光纤测温系统设备，应用于业主电缆隧道 220kV 两回路高压电缆实时在线测温，如图 5-25 所示。每条电缆长度为 8km，合计总长为 64km，测温光缆采用直线型方式进行捆扎敷设，重点监测每 500m 一个的电缆接头实时温度，并按客户要求加装短信报警模块，起到提前预警的作用。

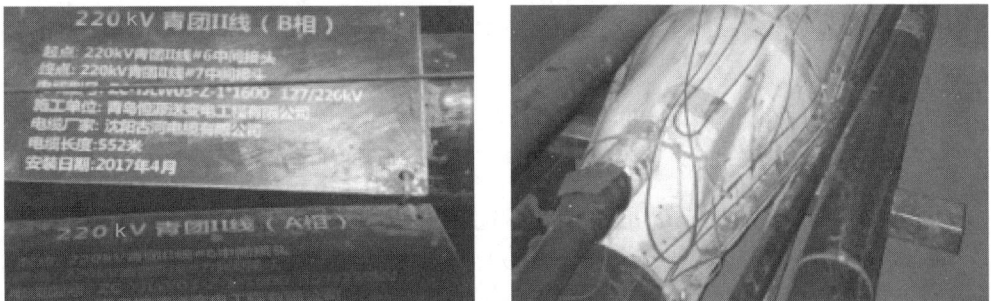

图 5-25　电缆接头测温装置

二、水位监测

（一）技术原理

水位监测通常采用投入式液位计和光纤液位监测两种方法。投入式液位计基于所测液体静压与该液体的高度成正比的原理。光纤水位计的传感器部分采用光路耦合调节设备与光缆连接，用于传递承载水位信息的光信号，控制电路终端部分采用激光调制技术，用于发送不同功能的调制激光信号，通过调制、对比与检测，获得水位的准确信息。

（二）检测案例

泰兴市供电公司在 110kV 西郊变电站首次投入试用变电站水位监测系统。该公司 110kV 西郊变电站由于地势较低，属防汛重点变电站，发生汛情时变电运维人员需缩短巡视周期，每日对变电站的水位和水泵工作状态进行特殊巡视，以防止变电站水位过高造成变电设备受损。为减轻变电运维管理人员的工作压力，亟须一套适合变电站的水位监测系统来提高工作效率。该公司变电运维管理人员在做了充分的市场调研后发现：市面上一般的变电站水位监测系统不但价格昂贵，而且功能虽多但满足不了实际现场需要。该公司变电运维管理人员结合变电站现场实际需要，与二次检修人员配合自主设计了该套变电站水位监测系统，如图 5-26 所示。该套系统由现场视频摄像头、水位监测传感器、通信平台和监测终端四部分组成，能实现变电运维管理人员在手机终端上实时接收变电站集水井水位报警信息，并可查看水泵工作状态，便于及时掌握变电站汛情，采取对应处理措施。经过试用，该套水位监测系统不但满足了变电站现场防汛需求，极大地提高了运维人员工作效率，而且成本极其低廉，仅有市场主流产品的 1/6。

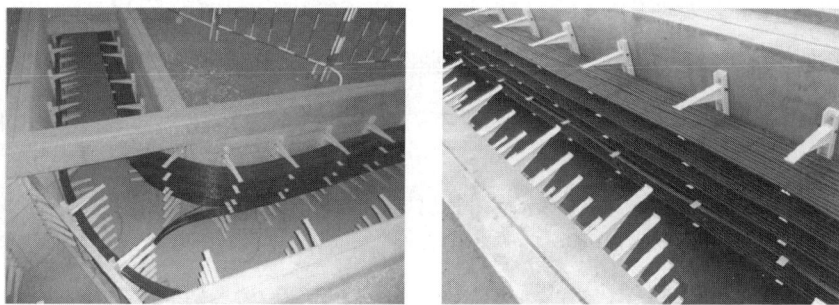

图 5-26　变电站水位监测系统

三、气体检测

（一）技术原理

1. 可燃气体检测的原理

可燃气体探测器有催化型、红外光学型两种类型。催化型可燃气体探测器利用难熔金属铂丝加热后的电阻变化来测定可燃气体浓度。当可燃气体进入探测器时，在铂丝表面引起氧化反应（无焰燃烧），其产生的热量使铂丝的温度升高，从而使铂丝的电阻率发生变化。红外光学型可燃气体探测器利用红外传感器通过红外线光源的吸收原理来检测现场环境的碳氢类可燃气体。

2. CO 气体检测的原理

利用直流稳压电源为整个电路系统供电，气体传感器将浓度信号转换成能进行测量的电压信号，但是该电压信号的线性度不好而且电压值很小，需经过线性化补偿和放大器放大处理。因为需要远距离传输信号，所以使用电压/电流转换器将电压信号转换成易传输的电流信号进行传输，在下一步处理前再用电流/电压转换器将它转换成原来的电压信号。

3. CO_2 气体检测的原理

红外二氧化碳传感器利用非色散红外（NDIR）原理对空气中存在的 CO_2 进行探测。

催化二氧化碳传感器将现场检测到的二氧化碳浓度转换成标准 $4\sim20mA$ 电流信号输出。

热传导二氧化碳传感器根据混合气体的总导热系数随待分析气体含量的不同而改变的原理制成，由检测元件和补偿元件配对组成电桥的两个臂，遇可燃气体时检测元件电阻变小，遇非可燃气体时检测元件电阻变大（空气背景），桥路输出电压变量，该电压变量随气体浓度增大而成正比例增大，补偿元件起参比及温度补偿作用。

4. 瓦斯气体检测的原理

MQ-5 气体传感器所使用的气敏材料是在清洁空气中电导率较低的二氧化锡（SnO_2）。当传感器所处环境中存在可燃气体时，传感器的电导率随空气中可燃气体浓度的增加而增大。使用简单的电路即可将电导率的变化转换为与该气体浓度相对应的输出信号。

5. PM2.5 检测的原理

PM2.5 属于大气颗粒，并不为实际的气体，对大气颗粒物的测定主要有重量法、微量振荡天平法和 Beta（β）射线法，我国主要采用重量法。

（1）重量法。其原理是分别通过一定切割特征的采样器，以恒速抽取定量体积空气，使环境空气中的 PM2.5 和 PM10 被截留在已知质量的滤膜上，根据采样前后滤膜的质量差和采样体积，计算出 PM2.5 和 PM10 的浓度。

（2）微量振荡天平法。基于重量法的微量振荡天平法，在质量传感器内使用一个振荡空心锥形管，在其振荡端安装可更换的滤膜，振荡频率取决于锥形管的特征和质量。当采样气流通过滤膜时，其中的颗粒物沉积在滤膜上，滤膜的质量变化导致振荡频率的变化，通过振荡频率变化计算出沉积在滤膜上颗粒物的质量，再根据流量、现场环境温度和气压计算出该时段颗粒物标志的质量浓度。

（3）Beta（β）射线法。利用 β 射线衰减的原理，将环境空气由采样泵吸入采样管，经过滤膜后排出，颗粒物沉淀在滤膜上，当 β 射线通过沉积着颗粒物的滤膜时，β 射线的能量衰减，通过对衰减量的测定便可计算出颗粒物的浓度。

（二）监测要求

对电力电缆隧道内有害气体空气含氧量、水位等环境参量进行监测，同时系统本身具备联动功能，当隧道内的有害气体含量、积水情况及环境温、湿度超过一定标准时，会自动启动排风、排水装置进行通风、排水功能，电缆隧道环境检测原理图如图 5-27 所示。

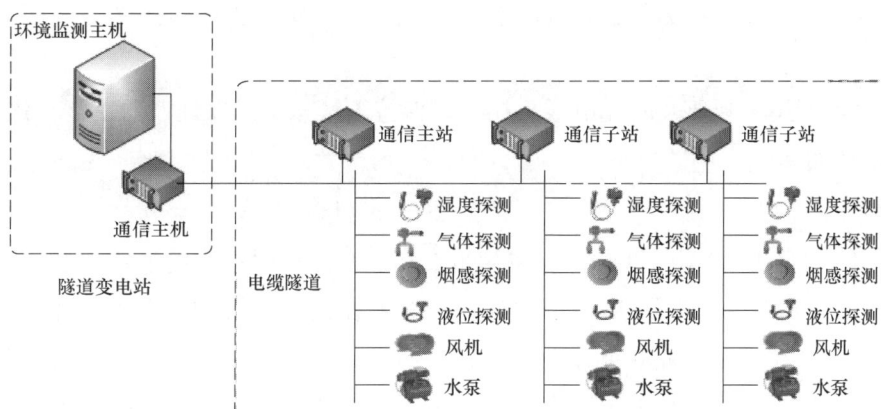

图 5-27　电缆隧道环境检测原理图

1. 仪器设备要求

（1）检测仪器设备应符合 GB 12358《作业场所环境气体检测报警仪　通用技术要求》、GBZ/T 222《密闭空间直读式气体检测仪选用指南》的要求，其中电气设备还应符合 GB 3836（所有部分）《爆炸性环境》的要求。

（2）检测仪器设备在量程、相应时间、灵敏度及选择性等方面应与被测对象相符合。

（3）检测仪器设备应通过技术认证，检测和报警准确可靠，连续正常工作时间在 4h 以上；携带方便，操作简单，使用寿命长。

（4）气体检测管应有配套的抽气装置和定量标准，有标示，并应显示在有效期内。

2. 气体检测仪的选型要求

在现场调查的基础上，分析判断作业场所可能存在的缺氧和有毒有害化学物质的种类、浓度范围及释放源情况，并将其作为选型的依据。

（1）一般选择直读式气体检测仪器，也可以采用采样分析仪器。

（2）选型应根据作业场所的气体组分，结合仪器的适用条件进行，同时避免仪器检测器受到其他组分干扰。采样管不能吸附被测物，也不能污染样品。

3. 气体检测仪的使用与维护要求

（1）应按照仪器使用说明书的要求使用和维护检测仪器设备，并建立档案台账。

（2）仪器实行专人管理和使用，使用人员应经过培训，应建立仪器操作规程、使用记录、校准记录、维护和维修记录。

（3）应用标准物质定期对仪器进行检定和校准。

（4）仪器要保存在干燥、通风、清洁的室内，仪器外出要做好防尘、防振、防潮和防污染工作。

（5）仪器应保持其完好性，无影响检测的损伤，操作正常、显示清晰。

（6）使用传感器的检测仪器，要根据其使用寿命，定期更换传感器；过期的气体检测管应及时报废。

（7）仪器所用电池要及时充电或更换，以保持电量充足，保证仪器正常工作。

（三）监测案例

1. 案例一

2015年12月19日下午3时许，在兰州市某丁字路口附近，电缆线安装工人在井下作业时，有10人突发一氧化碳中毒，当时有22人在此处进行铺设电力电缆的工作。当时几名施工人员在一处电缆井下作业时中毒，与地面工友失去了联系，几分钟后，地面几名工友发现后赶紧下井救助，无奈由于井下有毒气体浓度过高，救人者与被救者同时被困井下。后在其他工友和消防官兵的营救下，所有中毒被困人员被成功救出，并被迅速送往医院进行救治，救援现场如图5-28所示。

图 5-28 救援现场

2. 案例二

（1）1991年12月25日某井下施工地段发生电缆燃烧，现场为离井口50m斜井巷道处，电缆名称为ZQD20-10000V的罐装铅包纸绝缘不滴流电缆，直径为30mm，铜芯导线，外护套被聚氯乙烯塑料、沥青和铅包纸包裹，铅包纸定性检查铅含量高。燃烧长度为10m，时间20min，造成大量黑色焦臭味烟雾。

（2）2015年7月11日晚上11点半左右，武汉某小区1号楼2单元一电缆竖井起火，致7死12伤。遇难者死亡的主要原因是吸入大量浓烟和电缆燃烧产生的有毒气体。

电缆的绝缘层由PVC（聚氯乙烯）等材料制作，在燃烧中会释放大量高温有毒气体，造成呼吸道热灼伤和中毒。火灾时吸入高温烟气，会导致呼吸道堵塞窒息，如抢救不及时，将很快致死。

四、视频监测

（一）技术原理

电力电缆综合监控系统由前端系统、网络传输系统和监控中心系统三部分组成。前端系统摄像头将采集的信号经过模拟线缆传输到视频编码服务器中，经过编码和压缩之后，经过网络传输系统，传输至监控中心系统。

（二）监测要求

（1）视频监测系统应对电缆隧道出入口和隧道内的重要设备和设施进行实时图像监视，实现在监控中心可全方位掌控电缆隧道内设备的运行、安防、消防等实时情况的功能。

（2）摄像机的安装位置应减少和避免图像出现逆光，并能清楚显示出入监控区域人员的面部特征等。

（3）控制协议、编解码协议、接口协议、视频文件格式、传输协议等应符合相关国家标准、行业标准和公安部颁布的技术规范。

（4）所设计的系统和采用的产品应简单、实用、易操作、易维护。系统的易操作和易维护是保证非计算机专业人员使用好此系统的条件。并且，系统应具备自检、故障诊断及故障弱化功能，在出现故障时，应能得到及时、快速的维护。

（5）运维管理要求如下：

1）运行人员通过视频监控客户端每天巡视所辖线路是否在线，每月对所辖视频监控系统完成一次全面轮巡检查，包括报警情况、画面情况等，并对检查的情况做好记录，发现系统离线、无图像、图像模糊、球头不可控、系统频繁误报警等异常时应及时告知终端视频监控系统运行单位，运行单位根据缺陷情况通知检修单位处理。

2）当发生防盗、消防告警时，监控人员应立即查看，判断告警信号的真伪，一旦确认有盗警、火警发生，应立即汇报视频监控系统运行单位、保卫部门，根据情况拨打110/119报警，并跟踪监视、录像。

3）视频监控系统发生频繁误报警时，调控中心可将该告警点临时撤防，并报告视频监控系统运行单位纳入缺陷处理流程。

4）视频监控系统运行单位应结合线路日常巡视检查所辖视频监控设备有无损坏，检查并处理线路周界可能引起误报警的异物。

5）视频监控系统检修单位每季度应对线路周界告警装置进行一次测试，发现不告警等异常时应及时填报缺陷。

6）视频监控设备采用故障检修的策略。当线路视频监控系统出现图像不清、控制失灵等情况时，线路视频监控系统检修单位应组织修理或更换。

（三）监测案例

案例一：首个电力电缆综合智能管控系统在南京投运

2015年12月9日，南京供电公司电缆运检室综合智能管控平台发出报警信息，提示工作人员220kV九南线电缆隧道一处井盖在未经许可的情况下被私自开启。因该处井盖为智能井盖，若无相关指令，私自开启将造成系统报警。平台工作人员立即将该情况发至正在附近巡视的人员，要求其快速赶到现场处置。5min 后，巡视人员赶到现场发现该处井盖被当地居民私自开启，并欲将灌溉农田的污水倾倒至电缆隧道内，但因打开井盖后，井盖发出高分贝报警声，便丢下工具逃离现场。电缆通道内综合监控系统如图 5-29 所示。

图 5-29　电缆通道内综合监控系统

案例二：视频联动技术

为了减少"误报"带来的困扰，创新性地增加了视频联动抓拍功能，主要可以实现以下功能：

（1）视频录像。当光纤振动主机判断地面有外破信号时，会立即启动视频监控设备对通道现场的事件进行视频录像，录像时间长短可自由设置（一般都包括事件前、事件中及事件后等的视频录像），且监测报警主机会实时将录像的信息通过 4G 网络传输至监控中心。也可根据实际需求，将视频录像资料保存在本地的监测报警主机里。

（2）图片抓拍。与视频录像原理一样，区别是此功能仅仅将事件进行图片抓拍，且抓拍到的图片为事件正发生时的信息。图片可以采用微信方式推送到相关负责人手机，减少流量费用，更易于应用。

（3）自动定位。项目采用 360°球机摄像头，根据振动报警反馈的距离，再利用杆的高度，计算出云台的旋转角度，准确定位。

视频抓拍现场照片如图 5-30 所示。

五、　巡检机器人

（一）技术原理

电力隧道智能机器人巡检系统以智能巡检机器人为核心，结合实时监控平台、数据

图 5-30　视频抓拍现场照片

采集服务器及相关附件，可实现对电力隧道环境与设备的不间断监控。隧道巡检机器人采用轨道移动方式，搭载高清摄像机及红外热成像仪，实现隧道实时监控与红外热成像诊断；集成有害气体、烟雾、光照度、温湿度等传感器及定位装置和语音对讲系统，使用户实时掌控隧道环境信息，并通过监控平台实现对巡检机器人的控制，数据接入、存储、统计，GPS 定位及立体展示。

（二）巡检机器人要求

智能巡检机器人应能实现全隧道的实时动态巡检。主要功能包括：定时、遥控巡检，可见光/夜视视频实时监控，红外热成像与故障报警，温、湿度超限报警，火灾检测及应急消防功能，有毒有害气体监测，监控及数据报表分析，交互式对讲平台等。

（三）应用案例

案例一：山东电网示范工程隧道

山东电网示范工程隧道长 2088m，是山东电网输电线路可视化管理、电力隧道防灾减灾工程示范段；电力隧道埋深为 6～14m，隧道起伏程度大、施工难度大、技术条件要求高；该项目共计铺设轨道 2088m，安装吊架 1600 个；安装巡检机器人 2 台，灭火车 2 台，分别位于隧道 2 端，分段巡检；安装 7 个分布式充电站、16 个通信基站，全部安装在隧道顶部，避免占用隧道两侧及下方空间；采用专利分布式充电站方案，有效实现 2 ＋5 冗余备份；在运行巡检期间，对运行状态、环境等数据实时采集，对风险进行预警，为电缆隧道安全运行提供有力保障。

案例二：郑州市南三环电缆隧道

2017 年 8 月 27 日，由河南省自主研发的自动化监控巡检系统，正式在郑州南三环电缆隧道投入运行。作为河南省首条无人巡检电力隧道，其首次采用了智能巡检机器人进行电缆设备故障特殊巡视作业，实现了对城市电网的安全实时监控，提高了城市电网运行的科技化水平。

如图 5-31 所示，这个倒挂在电缆隧道顶端的智能巡检机器人，是隧道无人巡检系统的核心。其位于南三环电缆隧道的负二层，距地面 13m，亮灯的电缆隧道两侧外伸的钢架上敷设着 220kV 和 110kV 高压线。这台巡检机器人搭载高清摄像机、热成像仪及各种环境监测传感器。在行进中，可对隧道内的电缆温度、有害气体、温湿度及隧道内照明、水泵、水位、风机等状态进行监控。

图 5-31　电缆通道智能巡检机器人

六、 火灾报警

（一）技术原理

火灾探测器是探测火灾的仪器，由于在火灾发生的阶段，将伴随产生烟雾、高温和火光。这些烟、热和光可以通过探测器转变为电信号报警或使自动灭火系统启动，及时扑灭火灾区域。报警器能将所在楼层的探测器发出的信号转换为声光报警，并在屏幕上显示出火灾的房间号；同时还能监视若干楼层的集中报警器（如果监视整个大楼的，则设于消防控制中心）输出信号或控制自动灭火系统。

1. 在线监测及消防报警系统

电缆隧道设置温度自动探测报警与控制系统，一般考虑各种点式感烟探测器、线型感温电缆和空气样本分析系统。点式感烟探测器安装在电缆隧道的顶部，易受灰尘、潮湿、振动和电磁干扰等因素的影响。特别是在潮湿的雨季，感烟探测器因无法判别是水蒸气的升腾还是烟雾，有时会发生误报。此外，极度潮湿下的电磁干扰也会发生误报。

2. 光纤温度监控系统

温度监控报警系统通过温度数据的收集、存储、转换和传输来实时显示和报警，防止火灾。火灾事故大部分是由于温度过高引起的，通过对电缆头或电缆本身的连续温度测量，能够预测电缆头或电缆本身的故障趋势，及时提供电缆故障部位检修指导。

高压电力电缆运行温度在线监测系统是为了杜绝电缆沟内各电缆接头处由于温度过高引起火灾事故而设计的，它能将电缆沟内各电缆头处的温度及时准确传送到主控制室内，当被测点温度超过给定报警值时，系统能及时予以报警，便于处理。高压电气设备中由于微波和电磁干扰的影响，传统的测温方法难以或者根本无法得到真实的测试结果。

对电缆隧道内的温度监控，可以将测温光纤随电缆隧道敷设在电缆支架上。而对电缆的监护，可以将测温光纤贴在电缆表面，在取得电缆表面数据后，将电缆的负荷电流同时描成一组相关曲线，并从电流值推算出芯线导体的温度系数，从表面温度变化与导体温度变化之差（相同时刻做比较）便可以求出表面温度与运行负荷电流的相互关系，并以此来支持供电系统的安全运行。现有光纤温度监控系统产品中包含可以根据电缆表面所测温度推算电缆导体温度、电缆载流量数据的附加软件，通过试验证明，其计算结果与实际情况基本相符。使用后能实时了解电缆的运行状况，有利于电缆负荷的动态优化，使线路利用达到最大值。若电缆出现过负荷运行，电网调度将在第一时间获知，通过转移负荷或者切断线路的方式，及时纠正电缆线路的异常运行状态，避免电缆线路因过热产生火情。

分布式光纤温度传感器与传统的各类温度传感器相比，具有一系列独特的优点：使用光纤作为传输和传感信号的载体，有效克服了电力系统中存在的强电磁干扰；利用一根光纤为温度信息的传感和传导介质，可以测量沿光纤长度上的温度变化；采用先进的基于光时域反射（OTDR）技术和 Raman 散射光对温度敏感的特性，探测出沿光纤不同位置的温度变化；实现真正的分布式测量，非常适合各种长距离的温度测量、在线实时监测和火灾报警等。分布式光纤温度传感器根据被测信号的特殊性，在常规微弱信号检测的基础上，针对微弱信号检测，采用软、硬件结合的方案，能够在强噪声下有效地提取微弱信号，以求得尽可能大的信号噪声比，而所需的器件与设备极为通用，相对成本较低，检测整个过程完成的时间也较短，具有较高的实用性。

光纤温度监控系统安装较简便，只需在线路两侧变电站内增加控制、监测和报警设备，在线路沿线电缆表面增敷一根光缆即可，不用额外空间。该系统采用特种感温光缆作探测器，本身不带电，具有防爆、防雷、防腐蚀、抗电磁干扰等优点，其测量温度分辨率一般可以达到 0.01℃，任何微小温度变化都会被探测到，测试距离最长一般可达 30km，空间分辨率最小一般为 0.1m，在相同温度分辨率、测量距离和空间分辨率的前提下，具有最短的测量时间，所以可实现大型电力电缆设备内部温度实时在线监测。

3. 火灾报警控制系统

火灾报警控制系统由主控制器、探测器、手动报警按钮、声光报警器等设备组成，当发生火灾时，探测器将火灾信号送至主控制器，在主控制器上能显示火灾发生的时间、地点，并发出报警信号。同时，火灾报警主控制器联动关闭隧道内防火门，以便阻止火焰蔓延。通过无线模块将报警信号发送至相关值班人员的手机。上海地区对隧道中重要电缆线路均采用温度在线监测系统，不仅可以及时发现故障采取措施避免火灾，还能在线监测电缆载流量，为电缆安全运行提供保障。

（二）火灾监控要求

（1）隧道内敷设的通信光缆和低压电源线，应采取放入阻燃管或防火槽盒等防火隔离措施。

（2）一、二级电缆隧道应设置火灾监控报警系统。在电缆进出线集中的隧道、电缆夹层和竖井中，如未全部采用阻燃电缆，为了把火灾事故限制在最小范围，尽量减小事故损失，可加设监控报警和固定自动灭火装置。

（3）电缆通道临近易燃、易爆或腐蚀性介质的存储容器、输送管道时，应开展气体监测。

（4）一、二级电缆隧道应配置分布式光纤测温、火灾报警、重点区域自动灭火、通风系统等装置。

（5）火灾探测器距离灯和通风口 1～1.5m，至墙壁、梁边水平距离，不应小于0.5m；探测器周围 0.5m 内不应有遮挡物。

（6）感温探测器的保护面积不应超过 $30m^2$；感烟探测器的保护面积不应超过 $30m^2$。

（7）探测器的底座应固定牢靠，其导线必须可靠压接或焊接。

（8）探测器的"＋"应为红色，"－"应为蓝色，探测器的确认灯应面向便于人员观察的重要入口方向。

（9）火灾感温电缆应绑扎牢靠、可靠，与运行设备满足安全距离。

（10）引入火灾报警控制器的电缆或导线应避免交叉，固定牢固；导线端部应标明编号且与图纸相符；端子板接线端接线不得超过 2 根；应留有不小于 20cm 的控制器主电源引入线，须直接与消防电源连接，禁用电源插头。主电源应有明显标志。

（11）线型感温火灾探测器采用"S"形布置，有外部火源进入可能的电缆隧道内，应采用能响应火焰规模不大于 100mm 的线型感温火灾探测器。

（12）线型感温火灾探测器应采用接触式敷设方式对隧道内的所有动力电缆进行探测；缆式线型感温火灾探测器应采用"S"形布置在每层电缆的上表面，线型光纤感温火灾探测器应采用一根感温光缆保护一根动力电缆的方式，并应沿动力电缆敷设。

（13）分布式线型光纤感温火灾探测器在电缆接头、端子等发热部位敷设时，其感温光缆的延展长度不应少于探测单元长度的 1.5 倍；线型光栅光纤感温火灾探测器在电缆接头、端子等发热部位应设置感温光栅。

（三）监测案例

案例：220kV 和畅路电缆隧道综合监控系统

和畅路 220kV 综合管廊工程项目位于无锡市太湖新城，于 2014 年 6 月投入运行，管廊内原有三回 220kV 电缆，其中两回电缆长度为 1km，一回电缆长度为 2km。增加工程包括延伸管廊，并新建 6 回电缆及 4 个管仓。部署的电力廊道综合监控系统涉及的线路包括运行线路 3 回，即 220kV 扬红线一回电缆，每回电缆长约 1235m；220kV 红湖 1、2 线两回电缆，每回电缆长约 904m。在建线路 3 回，即 220kV 荆红 1、2 线两回电缆，每回电缆长约 1270m；220kV 望红线一回电缆，每回电缆长约 825m。

隧道内电力廊道综合监控系统由一个集中监控平台和电缆线路状态在线监测、隧道环境综合监控、隧道火灾报警监控、隧道出入口门禁管理、隧道视频监控 5 个应用子系统构成。集中监控平台可实现对多级分布式系统的实时监控；5 个应用子系统的监控范围全面涵盖电力廊道内主干高压电缆的运行状态及管廊空间、附属设施等的状态，为电力电缆的可靠运行提供了全面的技术保障手段。

（1）隧道防火门。隧道内每隔一定距离设置防火门（见图 5-32），且在墙边设置手持灭火器，运维管理部门定期检查隧道内防火门的正常开闭情况和手持灭火器的有效期，在正常情况下，确保防火门保持常开状态，保证电缆隧道的通风良好；当电缆隧道内发生火情时，电缆隧道的感烟装置报警，同时触发电缆隧道防火门自动关闭，关闭后的防火门仍然可以人工开启，防止工作人员被关在电缆隧道内。

图 5-32　隧道防火门

（2）隧道火灾报警。火灾报警控制系统由主控制器、探测器、手动报警按钮、声光报警器等设备组成，当发生火灾时，探测器将火灾信号送至主控制器，在主控制器上能显示火灾发生的时间、地点，并发出报警信号，监控界面如图 5-33 所示。同时，火灾报警主控制器联动关闭隧道内防火门，以便阻止火焰蔓延。巡视人员可以手动开启防火门紧急撤离。

（3）分布式光纤测温系统。电缆隧道内采用实时测量空间温度场分布的光纤温度传感系统，自动连续测量光纤沿线的温度，测量距离在几千米，空间定位精度为米级。现

图 5-33　监控界面

场检测如图 5-34 所示。光纤传感技术在高压电力电缆、电气设备因接触不良原因易产生发热的部位、电缆夹层、电缆通道等场合应用广泛。测温监控界面如图 5-35 所示。隧道内电缆全线敷设感温光纤，电缆接头的表面温度传输至主机，在监控大屏直观显示。动态温度监控界面如图 5-36 所示。

图 5-34　现场检测

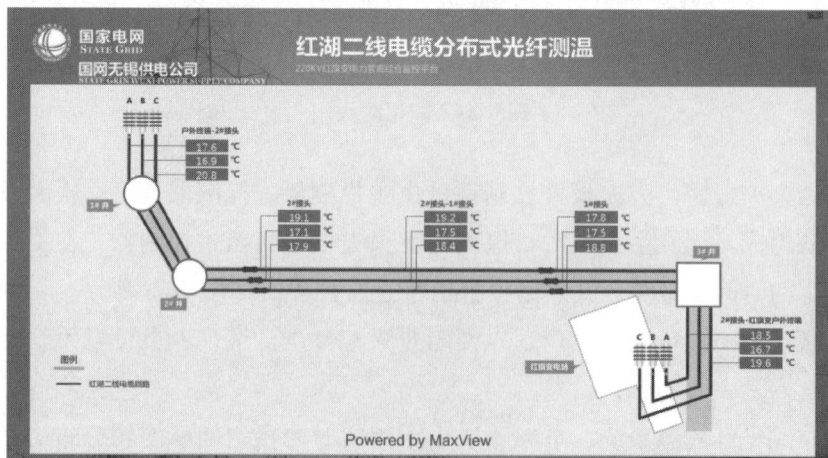

图 5-35　测温监控界面

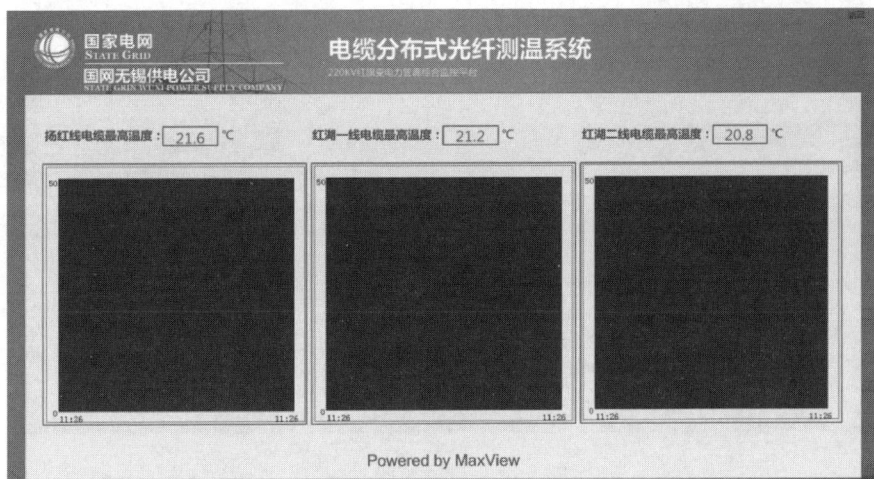

图 5-36　动态温度监控界面

（4）隧道环境综合监控系统。和畅路隧道采用环境综合监控系统，监控范围包括有害气体、氧气、湿度、水位、接地环流和负荷电流，巡视人员可以通过监控大屏掌握隧道环境情况，风机、水泵等设备设定为自动模式，隧道内湿度过大或有害气体浓度超标时，风机自动启动；隧道内积水超过预设水位时，水泵自动开启打水。护层环流监测界面如图 5-37 所示，环境监测界面如图 5-38 所示，排水监测界面如图 5-39 所示，气体监测界面如图 5-40 所示，通风监测界面如图 5-41 所示。

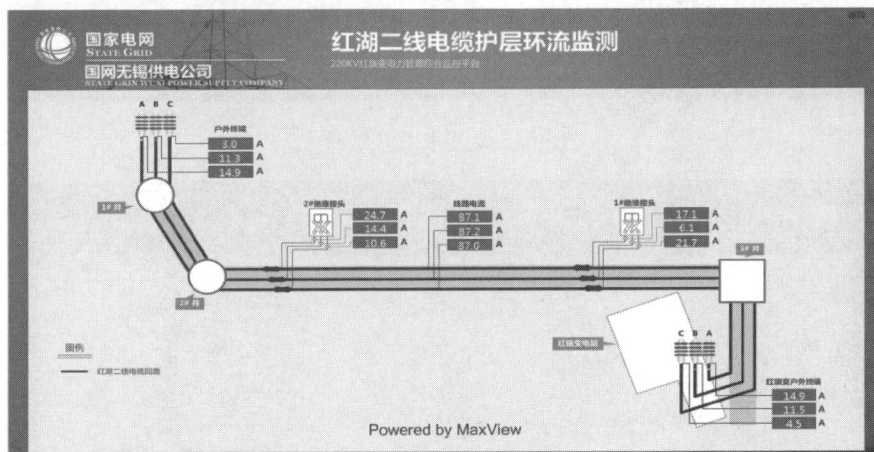

图 5-37　护层环流监测界面

七、结构检测

（一）技术原理

隧道运营监测中采用的传感器有差动电阻式传感器、振弦式传感器、光纤光栅传

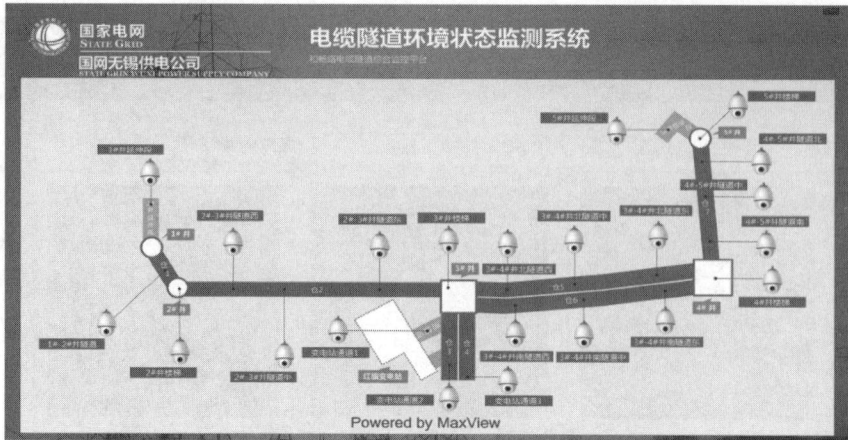

图 5-38　环境监测界面

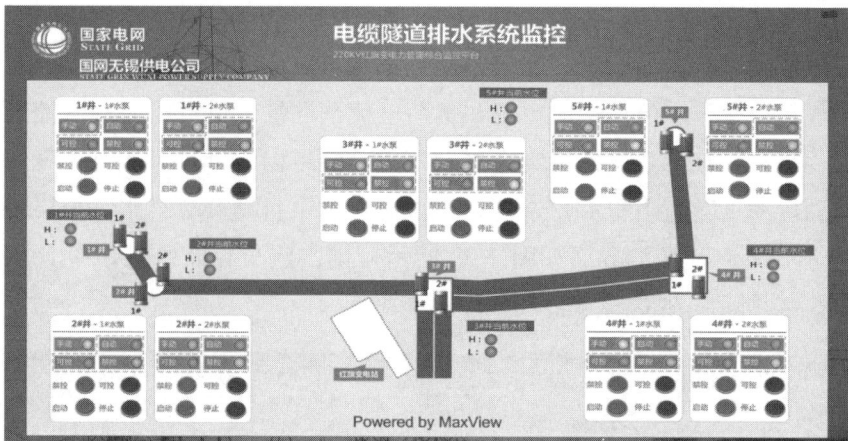

图 5-39　排水监测界面

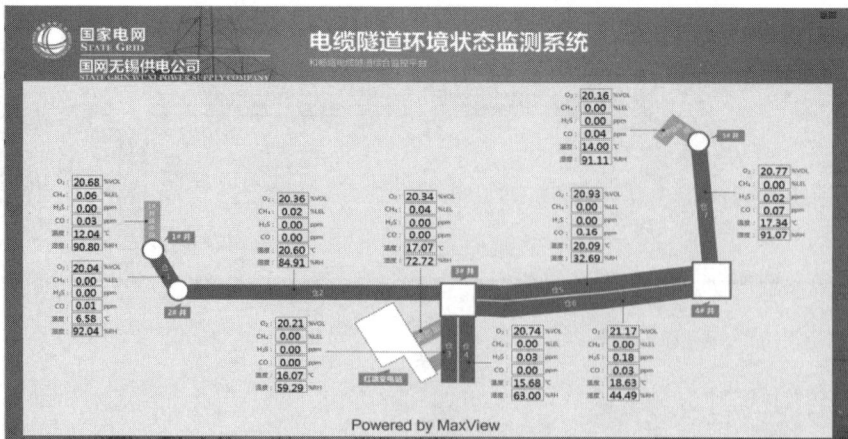

图 5-40　气体监测界面

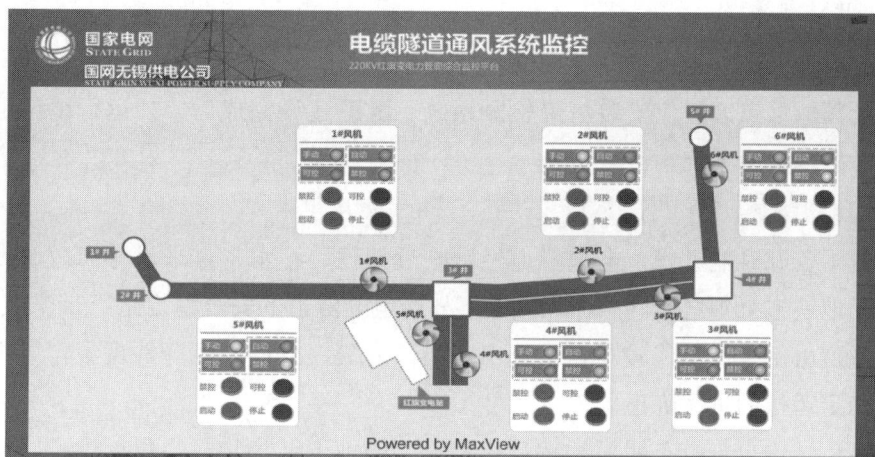

图 5-41　通风监测界面

感器。

1. 差动电阻式传感器

在仪器内部采用两根特殊固定方式的钢丝，钢丝经过预拉，张紧在支杆上。当仪器受到外界的拉压变形时，一根钢丝受拉，其电阻增加；另一根钢丝受压，其电阻减少。测量两根钢丝电阻的比值，就可以求得仪器的变形量。

2. 振弦式传感器

振弦式传感器包括振弦式压力传感器和振弦式转矩传感器。

振弦式压力传感器的振弦一端固定，另一端连接在弹性感压膜片上。弦的中部装有一块软铁，置于由磁铁和线圈构成的激励器的磁场中。激励器在停止激励时兼作拾振器，或单设拾振器。工作时，振弦在激励器的激励下振动，其振动频率与膜片所受压力有关。

振弦式转矩传感器可用于测量发动机轴的扭矩。测量时将整个装置用两个套筒卡在被测轴的两个相邻面上。两个传感器分别跨接在两个套筒的 4 个凸柱上。根据虎克定律，在弹性变形范围内，轴的扭转角度与外加的扭矩成正比，振弦的伸缩变形也就与外加的扭矩成正比。而振弦的振动频率的平方差与它所受应力成正比，因此可利用测量振弦的振动频率的方法来测量轴所承受的扭矩。

分布式振动监测系统基于光时域反射（OTDR）原理，OTDR 技术属于散射型分布式传感技术，发射光脉冲到光纤内，通过反射信号和入射脉冲之间的时间差来确定空间位置。事件点距离系统终端的距离 d 可以表示为 $d = ct/(2n)$，其中，c 是光在真空中的速度；t 是光脉冲发射后到接收到信号（双程）的总时间；n 为光纤的折射率。

（二）监测要求

如隧道与轨道交通隧道或地下构筑物等产生交叉、穿越等，隧道建设初期，隧道内相关区域及其他重点区域应安装沉降检测系统。隧道建设完成后，如运行单位觉得有必要，可增设沉降检测系统。

（三）监测案例

城市地下资源日益紧张，电缆隧道经常临近地铁、污水、自来水等市政管线。近几年来，由于地铁施工等造成的路面塌方等事故给电力隧道的安全稳定运行带来极大威胁；部分电力隧道由于建设年代较早，已经出现局部开裂、露筋及沉降等现象，成为确保电缆网安全稳定运行的重大隐患。

电缆隧道结构自身带有明显的特色：①重要的地下结构物；②耐久性要求高；③安全性要求高。为了保证电缆隧道的正常运营，可以安装有效的结构监测系统，这对于提高电缆隧道结构的有效控制并准确掌握电缆隧道结构的安全状况可起到较好的保障作用。

电缆隧道沉降在线监测系统由传感器、数据采集、数据传输、系统供电及数据处理五部分组成。当电缆隧道上部有大型车辆经过或其他振动时，电缆隧道结构的内力状况将发生变化，由安装在隧道顶部的 Ω 表面应变传感器来测量结构的应力应变的变化，Ω 表面应变传感器连接到 WDAS-JY 静态（动态）应变采集仪上，由采集仪采集结构的应力应变数据，然后 WDAS-JY 静态（动态）应变采集仪通过局域网将数据传至电缆网运行监控中心。

Ω 表面应变传感器（见图 5-42）适合于混凝土构件、钢结构构件的现场应变检测，传感器加工过程中进行高温固化和加速老化流程，保证了输出信号的精确度和稳定性满足设计要求。产品设计中使用有限元软件进行优化分析，在零件外形、几何尺寸和材料组成等参数之间进行优化组合，然后采用最佳参数组合关系，如图 5-43 所示。

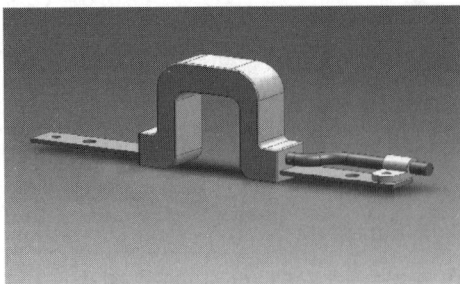

图 5-42 Ω 表面应变传感器外观

数据采集子系统分为静态采集、动态采集和加速度采集三种，采集仪如图 5-44 所示。静态采集仪可以获得载重较大的车辆经过或隧道受力时其结构的静态应力应变情况；动态采集仪不但可以实现静态采集仪的功能，还可以反映结构在车辆行驶经过时实际的

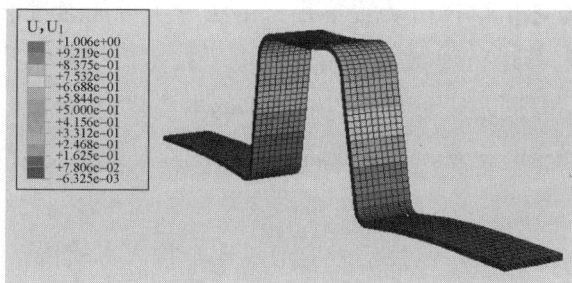

图 5-43　有限元分析结果

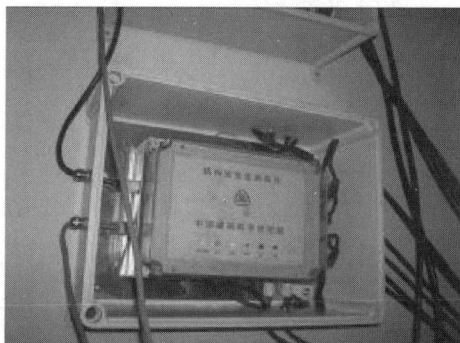

图 5-44　沉降监测采集仪

受力性能。电缆隧道上部有大型车辆经过时，电缆隧道的内力将发生变化，而且车辆载荷、行驶速度和道路状况等不同，对电缆隧道的冲击作用也是不同的。WDAS-DY 动态应变采集仪可以以 100Hz 的采样频率实时采集结构的动态应力应变数据。动态加速度采集仪可以获得在载重较大的车辆经过时电缆隧道结构的振动特性，通过数据分析就可以得到电缆隧道结构在车辆经过时的自振频率。

沉降在线监测系统采用井盖监控通信电缆进行数据传输，采用就近电源箱或者电力供电控制柜取电方案，单路供电 AC 220V，小于 100W。

前端采集数据传送到电缆网运行监控中心的应力应变监测服务器，所有数据经过定制的结构安全分析系统进行处理，将处理后的数据提供给电缆网运行监控系统，通过监控系统对隧道应力应变情况进行实时监测。

八、安防系统

（一）技术原理

针对电缆通道缺乏必备的技防设备和监控手段，不法分子通过电缆通道进出口和工井进入电缆通道内盗窃电缆通道附属设施和低压电缆，严重影响电缆网的安全运行。与变电站相连的电缆通道进出口技防装置不足，不法分子可能通过电缆通道进入变电站，破坏电力设备影响供电等运行现状，采用现代电子技术、计算机技术、行波定位技术、远程供电和载波通信信号同芯线对共缆传输技术的电缆隧道进出口门禁安全管理系统可对进出电缆隧道情况做全时记录，并有效防止未经许可人员进入电缆隧道。

（二）监测要求

井盖可加装井盖监控装置，监控信号应通过安全接入方式传至隧道监控中心，实现电缆井盖的集中控制、远端开启及非法开启报警等功能。

（三）监测案例

1. 海淀区 500kV 电缆线路门禁安全

在海淀区 500kV 电缆线路状态检测中，已经将电缆隧道进出口门禁安全管理系统纳入线路状态检测技术中。

2. 江苏电缆智能管控平台

江苏首次启用电缆智能管控平台井盖被盗自动报警，井盖发生倾斜就会立即发出高分贝警报声，智能平台也会第一时间监控到，供电部门可以轻松地掌控电缆井盖的完好度，确保行人和车辆的安全。智能电缆防盗井盖如图 5-45 所示。

图 5-45 智能电缆防盗井盖

安装智能防盗接地箱。智能防盗接地箱具备开门报警功能，如果箱门被打开或撬开，接地箱内报警装置会立即发出报警声，利用监控软件显示报警信息，同时自动拨打事先设置好的接警电话，如图 5-46 所示。

3. 高压单芯回流缆在线防盗监测系统

高压单芯回流缆在线防盗监测系统，利用源信一体的通信技术为系统提供可靠的通信通道，整合非闭合互感取电技术为系统提供稳定的电源。当接收端信号发生异常时，

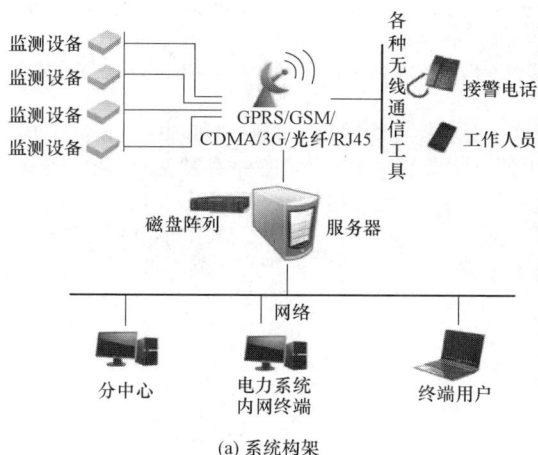

(a) 系统构架

(b) 现场实物

(c) 报警信息

图 5-46　智能防盗接地箱

立即上传报警信号到电缆监测平台，并显示报警电缆的位置信息和类型，同时短信通知相关责任人，立即到现场处理，如图 5-47 所示。

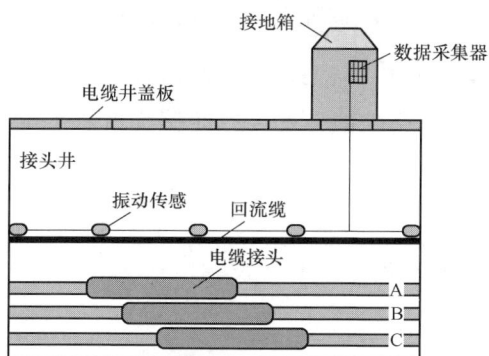

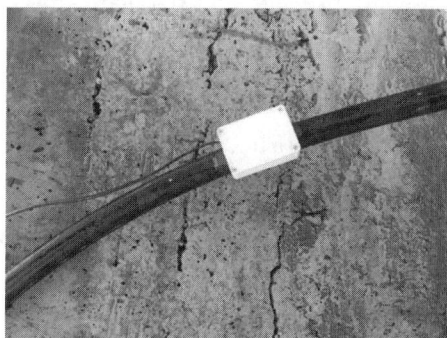

(a) 示意图

(b) 现场安装

图 5-47　高压单芯回流缆在线防盗监测系统（一）

109

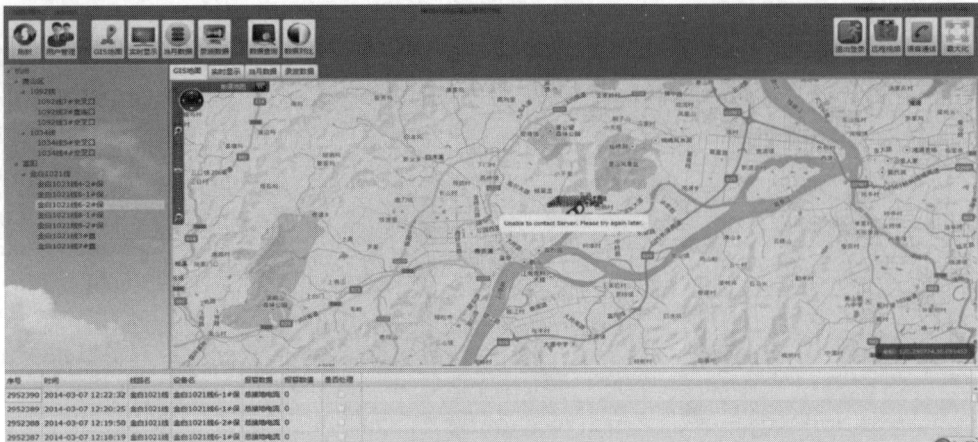

(c) 后台显示

图 5-47　高压单芯回流缆在线防盗监测系统（二）

九、 监测新技术

（一） 内置测温技术

1. 测试原理

内置测温技术采用无线能量传输技术和射频通信技术同步工作原理，直接测量电缆接头导体运行温度，可用于 10～500kV 电压等级的电缆中间接头导体运行温度实时监测，对电缆动态增容和安全管理提供数据支持。

内置式电缆接头导体测温技术解决了内置式测温传感器的电能供应和信号传输的难题，实现直接测量电缆接头导体运行温度，具有测温精度高、实时性强的优点。内置式测温传感器主要包括内置测温模块和外置测温中继两部分。外置测温中继通过电磁耦合方式将能量和信号传递到电缆接头导体部位的内置测温模块，内置测温模块获得电能的同时将温度数据以无线电磁波的方式发送至外置测温中继，实现电缆导体温度精准测量，不改变电缆接头的物理结构和电气特性，具有安全免维护、安装方便等优点。系统整体示意图如图 5-48 所示。

2. 测温要求

（1）监测功能。应能实现电缆接头导体温度数据的采集和转发。

（2）数据记录功能。

1）监测数据应能保存并上传。

2）在短期断电等情况下不发生数据丢失。

3）应能正确记录动态数据，装置异常时应能正确建立动态事件标识；保证记录数据的安全性；装置不应因电源中断、快速或缓慢波动及跌落丢失已记录的动态数据。

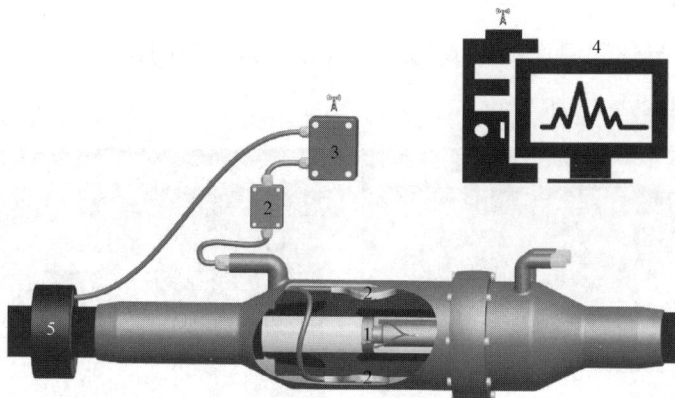

图 5-48　系统整体示意图

1—内置测温模块；2—外置测温中继；3—电缆运行状态监测箱；

4—电缆运行状态监测应用终端；5—非闭合互感电源

（3）自检功能。应具备自检功能，并根据要求将自诊断结果上传。

（4）通信功能。通信方式应满足以下任意一种：（网络和接口）

1）数据通信应符合标准工业控制总线、以太网总线或无线网络的要求。

2）宜采用 Q/GDW 562—2010《输变电状态监测主站系统数据通信协议（输电部分）》，便于旧装置的扩展和新装置的兼容。

（5）测量误差。随机抽取一批中 10 套此装置，测温误差不超过 ±1℃。

（6）过热报警功能。提供接头温度过热瓶颈，可在软件系统中预设电缆运行报警温度，一旦发生过热情况，立即报警。预警信息将通过多种方式发送给相关人员，通知其及时处理。

（7）安全与可靠性要求。

1）不应影响电缆接头的绝缘性能、密封性能及导电性能，且在装置发生故障时应不影响电缆接头的正常运行。

2）应能承受电缆线路发生短路时产生的冲击电流。

3）内置测温单元应与电缆接头同寿命。

（8）结构要求。

1）内置测温单元结构要求。电缆附件有屏蔽罩结构时，外直径与屏蔽罩的外直径一致；电缆附件无屏蔽罩结构时，外直径与电缆主绝缘外直径一致；内置测温单元应无闭合磁路。

2）中继单元结构要求。若铜壳无灌胶孔，则需在铜壳上打孔，具体位置与电缆附件厂商定，并应做好妥善的防水措施。

3. 监测案例

2012 年 12 月导体测温产品在厦门挂网试点，运行期间设备运行正常，电缆没有产生过任何故障，如图 5-49 所示。

图 5-49　现场系统图

（二）光纤测温振动技术

1. 技术原理

城市地下电缆在输电过程中起着非常重要的作用，但是电缆在使用中时常受到人工挖掘、机械挖掘、非法入侵等第三方外力破坏，严重影响了电缆运行的安全性和可靠性。而电缆通道防外破在线监测系统是专门用于保障电缆通道免遭外力破坏的监测系统，系统采用分布式光纤振动传感技术，结合高精度智能模式识别算法能够实现对破坏性外力的实时监测和准确识别，是实现电缆安全预防性维护必要的基础设施。

分布式光纤振动传感技术利用光纤作为传感元件，将"传"和"感"合为一体，传感光纤在外界物理因素（如运动、振动和压力）的作用下，改变光纤中的光纤相位，从而对外界参数进行检测。

分布式光纤振动传感系统是一种基于光时域反射（OTDR）技术和光纤干涉技术发展而成的先进的光纤传感技术，它同时具有光时域反射技术定位精度高和光纤干涉技术灵敏度高的特点。

当外界有振动作用于传感光缆时，引起光缆中纤芯发生形变，使纤芯长度和折射率发生变化，导致光缆中光的相位发生变化。当光在光缆中传输时，由于光子与纤芯晶格间发生作用，不断向后传输瑞利散射光。当外界有振动发生时，背向瑞利散射光的相位随之发生变化，这些携带外界振动信息的信号光反射回系统主机时，经光学系统处理，将微弱的相位变化转换为光强变化，经光电转换和信号处理后，进入计算机进行数据分析。系统根据分析的结果，判断入侵事件的发生，并确认入侵地点。

2. 监测要求

（1）应具有连续检测振动的功能，能实时检测外界振动情况。报警方式除主控机屏幕显示、音效等基本要求外，还可提供符合工业标准的报警输出；报警信息应实时存入数据库，并具有对振动波形的播放功能。

（2）能对测量区域在长度上进行分区，对某些区域进行局部重点监测。

（3）可以自定义电子地图，以及对电子地图的编辑工作，如果有报警发生（事件入侵），电子地图会根据事先编辑好的参数信息，真实模拟现场情况进行报警定位，实现对监控现场环境的真实模拟，并有显著的报警图标标识出其位置，鼠标移动到报警图标上时，可显示出该报警位置的详细信息。

3. 监测案例

某地市公司采用分布式光纤振动系统，2018 年 7 月 15 日下午 3 时 02 分，系统提示三级红色预警。预警位置距离变电站 2km，显示有多个振动源，持续大幅振动。根据拓扑图像显示的能量分布和作业频率特征，分析判定为：在电缆 10m 范围内有大型机械作业。赶赴现场，发现有挖掘机械紧挨电缆管廊 3～4m 正在进行施工，如图 5-50 所示。

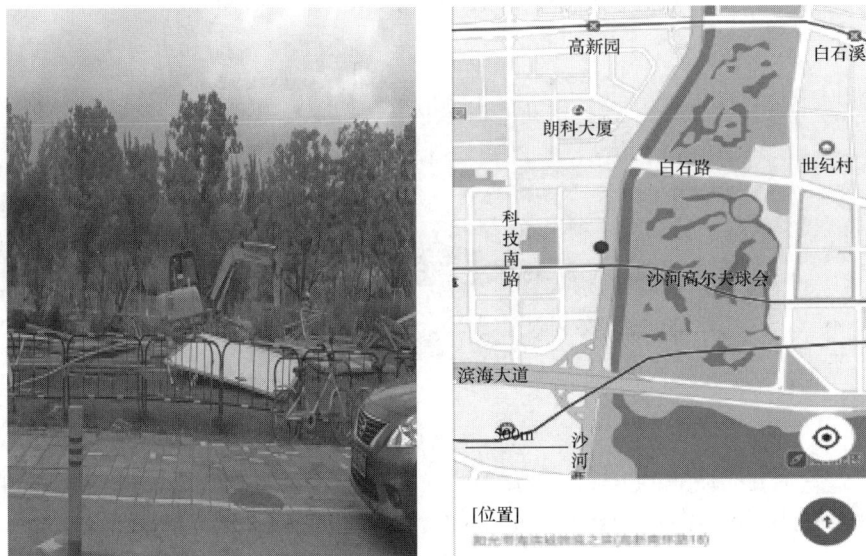

图 5-50　现场测试分析图

2018 年 7 月 15 日下午 4 时 56 分，系统提示二级橙色预警。预警位置距离变电站 3.5km，有反复强烈振动源。根据拓扑图像显示的能量分布和作业频率特征，分析判定为：存在顶管或打桩外力破坏隐患。经巡查现场，发现有施工人员在河边景观带进行施工，工人使用冲击钻拆除混凝土墙体，如图 5-51 所示。

（三）内置式局部放电监测技术

1. 技术原理

内置式局部放电监测技术是将局部放电传感器内置到电缆接头内部，通过电容耦合

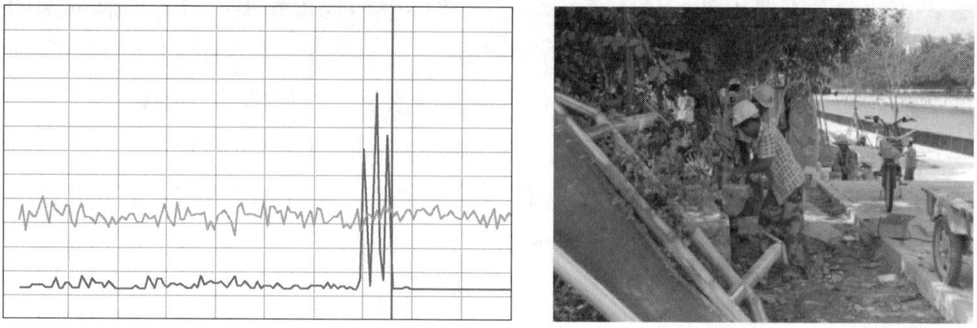

图 5-51　现场分析图

方式来感应局部放电信号，解决了局部放电传感器的局部放电干扰信号大、故障定位不精确的实际问题，提高了局部放电设备的准确性和稳定性。内置式局部系统主要包括放电监测局部放电监测系统主机、外置局部放电采集中继、内置局部放电监测装置、内置局部放电传感器和内置局部放电采集模块等部分，如图 5-52 所示。

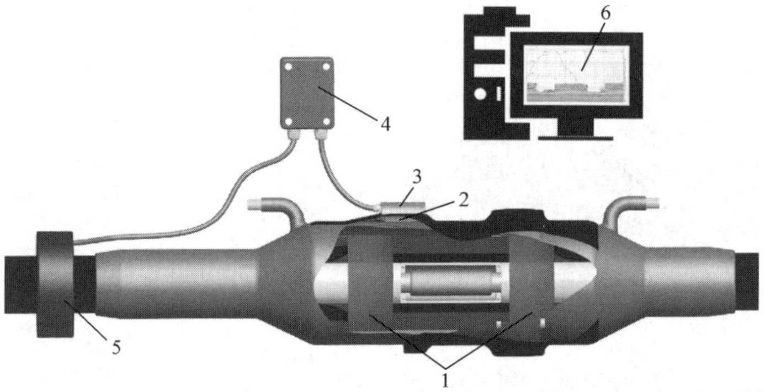

图 5-52　系统整体示意图

1—内置局部放电传感器；2—内置局部放电采集模块；3—外置局部放电采集中继；
4—局部放电监测系统主机；5—内置局部放电监测装置（非闭合互感电源）；6—局部放电监测专家库软件

（1）内置局部放电监测装置。内置局部放电监测装置在内置式局部放电监测系统中负责现场局部放电信号数据采集及数据上传、监测装置的工作状态及上传，管理采集板的电源。该装置具有数据通信、电源管理、局部放电信号采集、无线供电、无线通信等功能，在内置式局部放电监测系统中起到核心作用。

（2）局部放电监测系统主机。局部放电监测系统主机在内置式局部放电监测系统中负责接收内置局部放电监测装置数据采集及其状态信息，并管理内置局部放电监测装置的供电。该产品具有数据通信、电源管理功能，在内置式局部放电监测系统中起到承上启下的作用。

（3）内置局部放电采集模块。内置局部放电采集模块在内置局部放电监测装置中负责局部放电信号采集、监测自身的工作状态并上传给内置局部放电采集模块。该模块在内置局部放电监测装置中起到局部放电信号采集及相关数据上传的核心作用。

2. 监测案例

2018 年 11 月内置式局部放电监测系统在 110kV 夏口线 2 号接头安装应用，如图 5-53 所示。

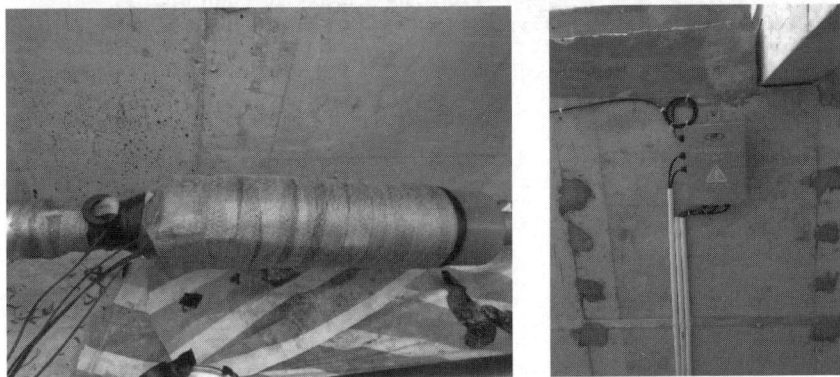

图 5-53　内置式局部放电监测系统在 110kV 夏口线 2 号接头安装应用

思考和练习：

（1）气体、温度、水位在线监测主要应用在哪种场合？

（2）光纤测温的光缆在接头位置如何敷设？

（3）气体监测报警阈值如何设定？

第六章 高压电缆故障探测技术

第一节 基 础 篇

一、电缆故障产生的原因

电缆故障产生的原因和故障的表现形式是多方面的，有逐渐形成的，也有突然发生的；有单一型的故障，也有复合型的故障。电缆故障原因分类如图 6-1 所示。

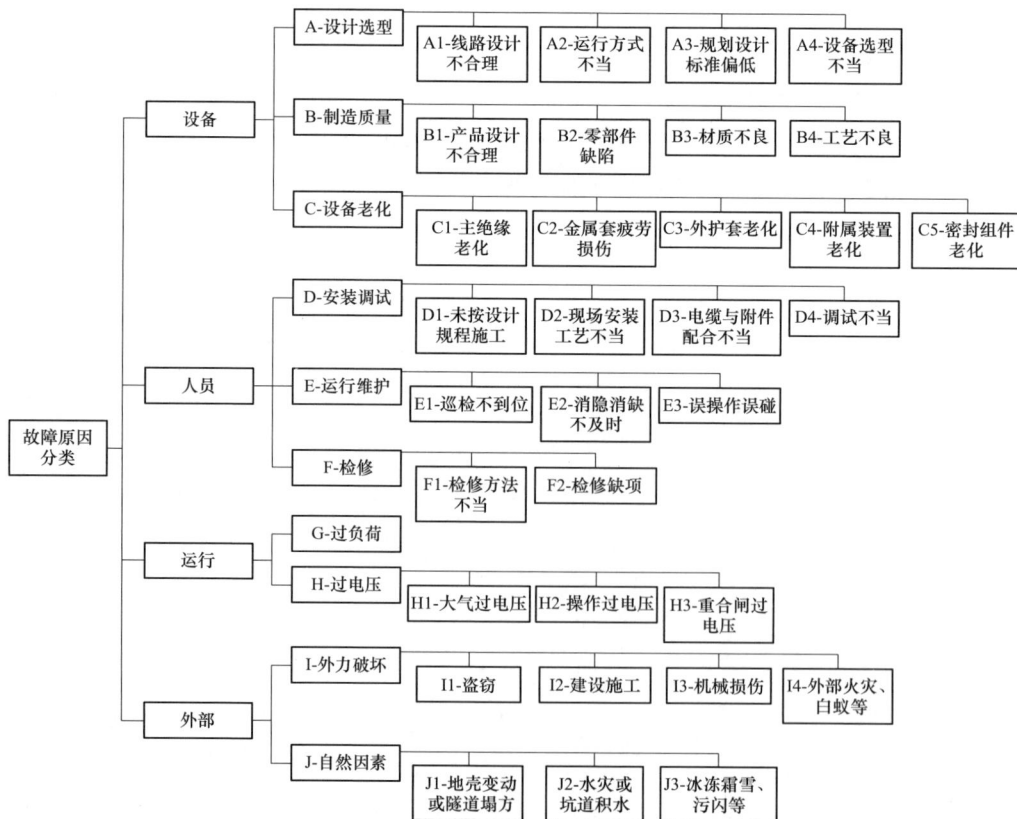

图 6-1 电缆故障原因分类

国内有关部门曾经对电力电缆故障产生的原因做过统计，该统计中对故障发生的原因给出了比例，大致如下。

1. 外力破坏

外力破坏占全部故障的58%，其中主要因素有：

（1）由于市政建设工程频繁作业，不明地下管线情况，造成电力电缆受外力损伤的事故，如图6-2所示。

图6-2 电缆受外力损伤

（2）电缆敷设到地下后，长期受到车辆、重物等压力和冲击力作用，造成电缆下沉、铅包龟裂、中间接头拉断、拉裂等事故，如图6-3所示。

图6-3 车辆、重物等压力导致电缆事故

2. 附件制造质量不合格

附件制造质量不合格占全部故障的27%，附件制造质量主要指的是接头的制作质量，其中主要因素有：

（1）接头制作未按技术标准操作，制作工艺不良，密封性能差。

（2）制作接头时，周围环境湿度过大，使潮气侵入。

（3）接头材料使用不当，电缆附件不符合国家颁布的现行技术标准。

（4）电缆接头盒铸铁件出现裂缝、砂眼，造成水分侵入，形成击穿闪络故障。

（5）纸绝缘铅包电缆搪铅处，有砂眼、气孔或封铅时温度过高，破坏了内部绝缘，使绝缘水平下降。

（6）塑料电缆由于密封不良，冷、热缩管厚薄不均匀，缩紧后反复弯曲引起气隙，造成闪络放电现象。

安装工艺不当导致电缆接头故障如图 6-4 所示。

图 6-4　安装工艺不当导致电缆接头故障

3. 敷设施工质量

敷设施工质量不合格占全部故障的 12%，其中主要因素有：

（1）电力电缆的敷设施工未按要求和规程进行。

（2）敷设过程中，用力不当，牵引力过大；使用的工具、器械不对，造成电缆护层机械损伤，日久产生故障。

（3）单芯高压电缆护层交叉换位接线错误，使护层中感应电压过高、环流过大引发故障。

敷设过程中导致接地缆被砸伤如图 6-5 所示。

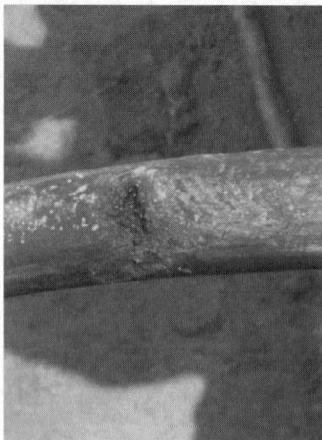

图 6-5　敷设过程中导致接地缆被砸伤

4. 电缆本体

电缆本体故障占全部故障的 3%，主要由电缆的制造工艺和绝缘老化引起。其中：

(1) 电力电缆制造工艺故障。由于电缆线芯与纸绝缘中的浸渍剂、塑料电缆中的绝缘物等物质的膨胀系数不同，所以在制造过程中，不可避免地会产生气隙，导致绝缘性能降低。

如果在电缆制造过程中，绝缘层内混入了杂质，或半导体层有缺陷（同绝缘剥离），或线芯绞合不紧，或线芯有毛刺等，都会使电场集中，引起游离老化。

交联聚乙烯电缆中由杂质和气隙引起的一些击穿故障，一般在电缆绝缘层中呈"电树枝"现象，如图 6-6 所示。

图 6-6　交联聚乙烯电缆绝缘层中的"电树枝"现象

(2) 因电缆绝缘老化而引起电缆故障。其主要因素有以下几种：

1) 有机绝缘的电力电缆长期在高电压或高温情况运行时，容易产生局部放电，从而引起绝缘老化。

2) 电缆内部绝缘介质中的气泡在电场作用下产生游离，使绝缘性能下降。

3) 塑料类绝缘的电缆中有水分侵入时，会使绝缘纤维产生水解，在电场集中处形成"水树枝"现象，使绝缘性能逐渐降低，如图 6-7 所示。

图 6-7　交联聚乙烯电缆绝缘层中的"水树枝"现象

4) 油浸纸绝缘的电缆运行时间过久时，会发生电缆中绝缘油干枯、结晶，绝缘纸脆化等现象。

5) 若电缆敷设后长期浸泡在水中，则经过含有酸、碱及其他化学物质的地段，会导致电缆铠装或铝包腐蚀、开裂、穿孔及塑料电缆护层硫化等。这时一般会出现"电化树枝"现象，如图 6-8 所示。

只有充分了解和详细分析这些故障产生的前因后果，以及电缆路径上的外界环境，才能"对症下药"，采取必要措施，防止情况进一步恶化，并尽快找到故障点。

图 6-8　交联聚乙烯电缆绝缘层中的"电化树枝"现象

二、电缆故障分类

电力电缆主要由线芯、主绝缘、金属护层（部分低压电缆无金属护层）与外绝缘护层组成，根据电缆绝缘降低分类，电缆故障分为主绝缘故障与护层故障两大类。

1. 主绝缘故障

主绝缘故障是指因各种原因使电缆线芯主绝缘的绝缘性能降低，达不到电缆正常运行标准的现象。各种电压等级、各种结构类型的电缆，都会发生主绝缘故障。人们常说的电缆故障基本都指的是主绝缘故障，对上述电缆故障产生原因的分析，也是对主绝缘故障产生原因的分析。

2. 护层故障

护层故障是指单芯中高压电缆外绝缘护层降低，达不到电缆运行标准的现象。原来定义护层故障时，只涉及 66kV 及以上的单芯高压电缆，但近些年高速铁路上的 10kV 贯通自备线与 35kV 电源线皆大量采用有金属护层的单芯电缆，所以护层故障就不能只针对高压电缆，单芯中压电缆上也会发生护层故障。

对于三芯统包型电缆，因电缆运行时三相电流互为 120℃，流过三相线芯的电流总和为零，金属护层上的磁链基本为零，因此在金属护层上的感应电压很小，金属护层两点或多点接地皆不会有感应电流流过金属护层。所以三芯统包型电缆两端金属护层基本都采用直接接地的方式，且当电缆上的其他地方发生外绝缘护层破损，使金属护层在该点接地时，该破损点一般也不需要查找，所以三芯统包型电缆无护层故障的说法。

对于单芯中高压电缆，因运行时金属护层上的磁链不为零，金属护层上存在感应电压，如果金属护层出现两个或两个以上接地点，金属护层上就会有感应电流流过。感应电流所产生的热损耗会极大地降低电缆的载流量，并加速电缆主绝缘的电-热老化。所以，单芯中高压电缆金属护层的接地方式，一般电缆分段采取单段一端直接接地，另一端保护接地的方式；而单芯高压电缆一路由三段或三段以上组成时，其金属护层每三段为一区段，采取护层交叉互联的接地方式。

当单芯电缆的外绝缘护层某处发生破损时，就会造成一段电缆金属护层上出现两个或两个以上接地点的情况，金属护层上感应的环流就会大幅增加，感应电流所产生的热损耗也会大幅增加，将严重影响电缆的正常运行并降低电缆的载流量，甚至大幅缩短电缆的使用寿命。同时，因护层破损点的接地电阻一般要比设计的系统接地点电阻高，破损点发热量最大、温升最快，严重时可能会烫伤主绝缘，引起主绝缘击穿事故，甚至还可能出现因外护套燃烧或电缆燃爆，引起电缆通道着火事故。所以，当单芯中高压电缆的外绝缘护层破损时，必须查找该破损点的位置，并予以修复。

图 6-9 所示的是护层故障点发热机理图。

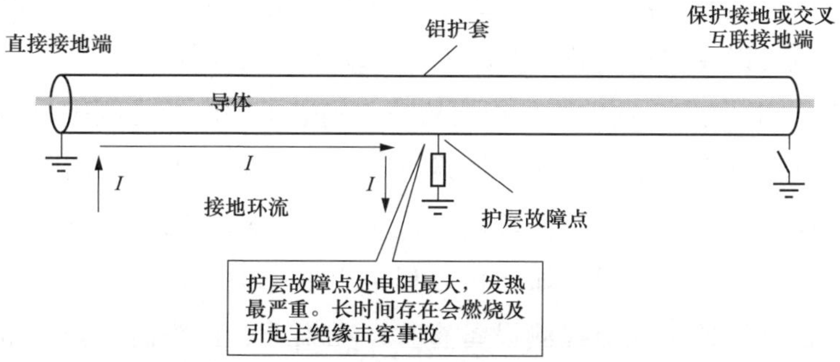

图 6-9　护层故障点发热机理图

三、　电缆故障基本探测步骤

一旦电缆线路发生故障，故障测试人员通常需要选择合适的测试方法和适当的测试仪器，依照正确探测步骤，探寻故障点。

电缆故障查找，包括主绝缘故障与护层故障查找，一般皆需经过诊断、测距、定点三大基本探测步骤。

1. 故障诊断

电缆故障诊断是了解电缆情况，明确故障类型，诊断故障性质的过程。

（1）了解电缆情况。了解电缆情况的目的是尽可能提前做到心中有数，电缆情况知道的越清楚，故障越易于查找。其步骤如下：

1）首先了解电缆的电压等级，是多芯统包电缆还是单芯电缆，明确电缆发生的是主绝缘故障还是护层故障。

2）其次了解电缆全长、路径、敷设方式、中间接头的数量及大致位置。如为直埋敷设，需知道电缆中间接头是否有接头井。电缆接头发生主绝缘故障或接头附件发生护层故障的概率较大，若知接头的具体位置，对故障查找就会非常有利。若直埋敷设的电缆中间接头也是直埋，路径与中间接头大致位置也不清晰，则故障探测所要准备的设备需更齐全，故障查找会更困难，需用的时间也可能会更长。

3）若电缆发生的是主绝缘故障，则还需了解是运行过程中发生的故障，还是耐压试验过程中发现的故障。运行过程中发生的主绝缘故障，故障点处常常烧损的较严重，为开放性的故障，加高压击穿故障点时，放电声音较大，易于故障的精确定位，并且挖出电缆时，故障点肉眼可见，比较容易查找。而试验过程中发现的故障，一般为接头内部的封闭性故障，故障精确定点会比较困难，查找过程相对会比较曲折。抵达现场后，需巡查电缆路径上有无施工动土现象与两个终端头及其相关设备情况，了解两个终端头的位置及哪端有电源、哪端更便于测试等。实际上，一半以上的电缆主绝缘故障是由外力破坏引起的，其中大部分又是在电缆受破坏的同时，电缆线路就发生了停电事故，在电缆路径上巡查时就可以发现这些破坏点，不需要动用测试设备。

4）若电缆为单芯电缆，发生的是护层故障，则需了解电缆是刚敷设未运行的线路还是已经运行的线路。刚敷设未运行的电缆线路，护层故障常为敷设或附件安装过程中的损伤，故障点较明显，采用沟槽架设敷设方式时电缆故障点肉眼可见，人工巡查可找到大部分故障。而已经运行的电缆，如运行过程中出现了护层故障，如非外力破坏，故障点常比较隐蔽，需动用护层故障探测设备查找，托梁下、接头内、防火带内、曾处理过的故障点处等，皆有可能。

（2）诊断故障性质。

1）单芯中高压电缆的护层故障诊断。首先用绝缘电阻表及耐压试验设备诊断护层绝缘，若护层绝缘不足，不一定是电缆护层出现问题，避雷器、绝缘头内护层绝缘隔板等都可能是引起护层绝缘不够的原因，在排除避雷器、绝缘头内护层绝缘隔板问题后，再分段用绝缘电阻表及耐压试验设备测试护层绝缘，确定护层故障段。

2）而对于经路径巡查不能发现的电缆主绝缘故障，则需把电缆从系统中拆除，使电缆彻底独立出来，两终端不要连接任何其他设备，用测试仪器探测故障点。探测故障前需将电缆两端终端头同其他相连的设备断开，擦拭干净终端头的套管，排除外界环境可能造成的影响，再进行进一步测试。

主绝缘故障探测第一步为故障性质诊断，需用的设备主要有绝缘电阻表、万用表及耐压试验设备，通过这些设备对电缆顺次进行通断试验、绝缘电阻测量、耐压试验后，诊断电缆发生了何种性质的故障。电缆主绝缘故障性质分为开路（断线）、低阻（短路）、高阻和闪络性故障。

a. 开路（断线）故障。电缆导体有一芯（或数芯）不连续。在实际测量中发现，除电缆的全长开路外，开路故障一般同时伴随着高阻或低阻接地现象，单纯开路而不接地的现象几乎没有。

开路（断线）故障的诊断步骤与方法：在测量对端将各线芯短路，用万用表的电阻挡分别测量两相之间的电阻，判断线芯的连续性，检查电缆是否存在开路现象。对于单芯高压电缆，因电缆两相终端相隔距离较远，可在测量对端将线芯与本相金属护层短路，通过线芯与金属护层之间的导通试验，判断该相的连续性。

主绝缘故障性质诊断时，宜先进行电缆的通断试验，因该步骤可判断位于两地的两只电缆终端是否确为同一条电缆的两端。电缆双端的核对，虽然在故障测试前通过核对铭牌的方式校对过，但为防万一，通过电缆的通断试验再次校对，也是必须的。

b. 低阻（短路）故障。电缆导体一芯（或数芯）对地绝缘电阻或导体芯与芯之间的绝缘电阻低于 100Ω 的现象。一般常见的故障有单相、两相或三相短路或接地。

低阻（短路）故障的判定是在绝缘电阻测量步骤中进行的。通断试验后，用绝缘电阻表测量电缆各相线芯对地、对金属屏蔽层和各线芯间的绝缘电阻。如果阻值过小，绝缘电阻表显示基本为零值时，改用万用表进行进一步测量，经万用表测量低于 100Ω 的故障，诊断为低阻故障，而绝缘电阻大大低于正常值但高于 100Ω 的故障，则诊断为高阻故障。当电缆的故障线芯对地或线芯之间的绝缘电阻达到几十兆欧甚至于更高阻值时，可考虑电缆有闪络性故障存在的可能。

说明：这里选择 100Ω 作为低阻故障与高阻故障的分界点，有两个来源：

一是 20 世纪 90 年代某进口含低压脉冲测试法仪器的说明书上讲 100Ω 以下为低阻故障，故障电阻在 100Ω 以下时，用该仪器的低压脉冲法测试，可在故障点处出现肉眼能分辨出的低阻故障反射波形，大于 100Ω 时故障点处的低压脉冲反射波形用肉眼就分辨不出了。而实际测试时，故障点处低压脉冲反射波形的大小，主要取决于阻抗在该处的变化，而阻抗则主要与电容、电感有关，100Ω 为高低阻故障的分界点只是理论数据，不是绝对的，某些接头进水，接地电阻在 10kΩ 左右的故障，低压脉冲也有反射。

另一来源是根据 5V 电源的低压电桥能不能测试为判据，故障电阻在 100Ω 以下时低压电桥可测，高于 100Ω 时，5V 电源的低压电桥就不能测试了，需用大电流烧至 100Ω 以下，再用低压电桥测距。而现在低压电桥的电源电压不止 5V，特别是电源电压达几千伏以上的高压电桥出现后，部分资料把电缆高低阻故障的分界点以高压电桥能不能测试为判据，把分界点定为 100kΩ，即 100kΩ 以下为低阻故障，大于 100kΩ 则为高阻故障。

判据不同，随着探测技术与设备的发展，还会出现其他判据下的分界点，实际测试时，一定要参照所用测试设备的说明书。

c. 高阻故障，全称为高阻泄漏性故障。电缆导体有一芯（或数芯）对地绝缘电阻或线芯与线芯之间的绝缘电阻大大低于正常值但高于 100Ω，且导体连续性良好。一般常见的有单相接地、两相或三相高阻短路并接地。

再次说明：这里把大于 100Ω 小于 100kΩ 这个范围定义到高阻故障中，是以低压脉冲法能不能测试为判据的，如果以高压电桥能不能测试为判据，则把这个范围定义到低阻故障中。

d. 闪络性故障，全称高阻闪络性故障。这类故障的绝缘电阻很高，用绝缘电阻表发现不了，大多数在预防性耐压试验时发生，并多出现于电缆中间接头或终端头内，有时在接近所要求的试验电压时击穿，然后又恢复，有时会连续击穿，间隔时间几秒至几分钟不等。

在故障探测过程中，上述四类故障会相互转化，特别是闪络性故障最不稳定，随时会转化为高阻故障，用直闪法测试这类故障时，测试人员应密切注意直流高压信号发生器的工作状态，适时转换高压信号发生器的高压输出方式，以防烧坏高压发生器。

（3）主绝缘故障分类方法。电力电缆主绝缘故障的分类方法很多，把电缆主绝缘故障分为开路、低阻、高阻与闪络性故障的分类方法，是依照电缆的绝缘电阻和线芯连续性对故障进行分类的，其他分类方法还有：

1）按电缆故障点处外护套是否烧穿分类，可分为开放性故障和封闭性故障。故障定点时，开放性故障比较容易查找。

2）按故障位置分类，可分为接头（或终端）故障和电缆本体故障。受到外力破坏的电缆，发生本体故障的情况较多；而非外力破坏的故障电缆，故障常发生在接头或终端处。

3）按接地现象分类，可分为单纯的开路故障、相间故障、单相接地故障和多相接地混合性故障等。单纯的开路故障和相间故障不常见，常见的一般是单相接地故障或多相接地混合性故障。

4）按电缆故障发生的直接原因分类，可分为试验过程中击穿的故障与运行过程中击穿的故障。

（4）主绝缘故障性质诊断具体操作步骤。为提高故障查找速度，根据电缆在试验过程中击穿与在运行过程中击穿故障的不同特点，故障性质诊断的步骤也略有区别。

1）试验过程中击穿故障性质的诊断。在试验过程中发生击穿的故障，其性质较简单，一般为一相接地或两相短路接地，很少有三相同时在试验中接地或短路的情况，更不可能发生断线故障。其另一个特点是故障电阻均较高，绝缘电阻表有可能测不出，需要借助耐压试验设备进行测试。其诊断方法如下：

a. 在试验过程中发生击穿时，对于分相屏蔽型电缆，均为一相接地。对于非分相屏蔽型统包电缆，则应将未试相地线拆除，再进行加压，如仍发生击穿，则为一相接地故障；如果将未试相地线拆除后不再发生击穿，则说明是相间故障，此时应将未试相分别接地后再分别加压查验是哪两相之间发生短路故障。

b. 在试验过程中，当电压升至某一定值时，电缆绝缘水平下降，发生击穿放电现象；当电压降低后，电缆绝缘恢复，击穿放电终止。这种故障即为闪络性故障。

2）运行过程中击穿故障性质的诊断。与试验过程中击穿故障的性质相比，运行过程中击穿故障的性质就比较复杂，除发生接地或短路故障外，还可能发生断线故障。因此，故障性质诊断时应首先做电缆导体连续性的检查，以确定是否为断线故障。

确定电缆故障的性质，低压电缆一般应选用 1000V 绝缘电阻表和万用表进行测量，6kV 及以上中高压电缆应选用 2500V 及以上的绝缘电阻表进行测量，并作好记录。

a. 电缆导体连续性检查方法。

（a）统包型电缆在一端将 A、B、C 三相短接（不接地），另一端用万能表的蜂鸣挡测量各相间是否通路。正常情况下，电缆三相连续性良好时，则三次测量皆导通；发生一相断线时，则会有三次测量两次不导通；三次测量都不导通时，则可能是两相或三相断线，也有可能是所测量的两个电缆终端不属于同一条线路。为确保电缆双端正确，避免不必要的危险，将电缆三相短路线拆除后，还要用万能表蜂鸣挡对刚刚导通的两相再做测量，两个电缆终端属于同一条线路时，应至少有两次两相之间测量不导通，如果此时三次测量还是都导通，则可能是电缆发生了三相短路故障，也可能是测量的两个电缆终端不属于同一条线路。电缆一端三相短接两两之间测量都不通与拆下短路线后测量两两之间都通时，就需要警惕测量的两个电缆终端有不属于同一条线路的可能性，此时需要通过单相对金属护层做进一步测量，以确保电缆双端正确。

（b）单芯高压电缆，因电缆两相终端相隔距离较远，可在测量对端将线芯与本相金属护层短路，通过线芯与金属护层之间的导通试验，判断该相线路的连续性。单芯高压电缆断线的可能性较小，做这一步的最大意义在于测量电缆全线金属护层是否已经全部连通，并测试电缆双端是否正确。

b. 电缆绝缘测量方法。

（a）先在任意一端用绝缘电阻表测量 A-地（金属护层）、B-地及 C-地的绝缘电阻值，测量时另外两相接地，以判断是否为接地故障。分相屏蔽型电缆（如三相统包型中高压交联聚乙烯电缆、单芯中高压交联聚乙烯电缆、分相铅包电缆等），一般均为单相接地故障，当发现两相短路时，一般也是两相接地故障。在小电流接地系统中，常发生不同两点同时发生接地的"相间"短路故障。三相统包型铅包电缆，存在两相短路不接地的可能性，用第一步的方法测量绝缘电阻出现两相同时接地时，应单相对地再次测试，测量时另外两相不接地，以判断该相是否确为接地故障。

（b）测量各相间 A-B、B-C 及 C-A 的绝缘电阻，以判断有无相间短路故障。对于分相屏蔽型电缆，这一步的测量意义不大。

（c）若用绝缘电阻表测得电阻基本为零，则应用万用表复测出具体的绝缘电阻值，确定电阻是否小于 100Ω，判断电缆发生的是高阻故障还是低阻故障。

（d）如用绝缘电阻表测得电阻很高，无法确定故障相时，应对电缆进行直流耐压试验，判断电缆是否存在闪络性故障。

2. 故障测距

故障测距又叫粗测或预定位，是指在电缆的一端使用故障测距仪器测量电缆故障点的距离。电缆故障测距方法有行波法与电阻法两大类。

行波法主要用于电缆主绝缘故障的测距。因行波是在两条平行的金属导体之间进行传输，而护层故障的主体是金属护层对大地，只有一个金属导体，所以行波法不能测量护层故障的距离，护层故障测距只能选用电阻法。具体内容详见本节电缆故障测距方法。

3. 故障定点

故障定点又称故障精确定位，由声测法（冲击放电声测法）、声磁同步法（声磁信号同步接收定点法）、音频感应法（音频电流信号感应法）与跨步电压法四种方法组成。

测得电缆故障距离后，先根据电缆的路径走向，判断出故障点大致方位，再通过故障定点仪器到该方位处探测故障点的精确位置。因声磁同步法是可靠性与精度最高的，直埋电缆的主绝缘故障精确定位首选声磁同步法，对于用声磁同步法确实探测不到精确位置的死接地（金属性短路接地）故障，再选用音频感应法或跨步电压法等方法进行精确定位。而直埋高压电缆护层故障的精确定位则选用跨步电压法，对于非直埋敷设的高压电缆，为提高探测效率，护层故障精确定位可选用脉动电流信号分段法进行分段，再用肉眼小范围内搜索故障点。具体内容详见本节电缆故障定点方法。

4. 路径探测

对于路径不明的电缆，需要先探测电缆的路径，再进行故障精确定位。常用的路径探测方法有音频感应法、脉冲磁场方向法和脉冲磁场幅值法三种。社会上单独使用的电缆路径仪，包括地下金属管线探测仪（简称管线仪），选用的是音频感应法。脉冲磁场方向法和脉冲磁场幅值法一般在故障精确定点的同时同步使用，主要是为了避免定点仪偏离电缆路径，其电缆路径设备一般也和故障定点仪组合在一起使用。

实际工作时，电缆的路径探测是一个相对独立的过程，可以在故障测距后进行，也可以在抵达故障现场后测试准备阶段进行，这样会节省探测时间。具体内容详见本节电缆路径探测方法。

5. 探测方法选择

在电缆故障诊断过程中，把电缆故障先分为主绝缘故障与护层故障，又把主绝缘故障分为开路、低阻、高阻及闪络性故障，其目的是选择合适的测试方法和适当的测试仪器，探测故障点。

合适的测试方法和适当的测试仪器对故障的查找起着至关重要的作用，合适的方法与探测设备往往会有事半功倍的效果，反之，若测试方法或仪器选择不恰当，故障点查找会非常困难，既会引起人力、物力的巨大浪费，又会延缓整个抢修工作进程，影响供电恢复。

电缆故障分类及测距方法见表 6-1。

表 6-1 电缆故障分类及测距方法

故障类型	故障性质		测距方法	最优定点方法
主绝缘故障	开路断线故障		低压脉冲法	声磁同步法
	低阻（短路）故障（≤100Ω）		低压脉冲法 低压电桥法	声磁同步法，金属性短路接地故障选用音频信号感应法
	高阻（泄漏性）故障	≥100Ω ≤100kΩ	二次脉冲法 冲闪法 高压电桥法	声磁同步法
		≥100kΩ	二次脉冲法 冲闪法	声磁同步法
	（高阻）闪络性故障		二次脉冲法 冲闪法、直闪法	声磁同步法
护层故障			电桥法	直埋敷设方式：跨步电压法；其他敷设方式：脉动电流信号分段法分段，然后小范围内肉眼寻迹

说明：

（1）表中各电缆故障探测方法的原理在后文中会单独编制成节予以详尽说明。

（2）纯开路故障很少，精确定位方法为在电缆对端把故障相与地线短路后，在测试端按故障相闪络性接地故障选用声磁同步法精确定位；开路并伴随对地绝缘不好的故障，按接地故障选用声磁同步法精确定位。

（3）短路（低阻）故障，在知道电缆全长的条件下，可用低压电桥测距，但电缆精确全长一般不是很清晰，需用低压脉冲法测量，而低压脉冲法又可测试低阻故障，所以选用低压电桥测试电缆故障应用极少。

四、 电缆故障测距方法

故障测距是测量从测试端到故障点的电缆线路长度。测试方法主要有行波法与电阻法两大类。下面对几种主要的测距方法进行详细介绍。

1. 行波法

行波法又称脉冲法，主要有低压脉冲、二次脉冲法和闪络回波法三种测距方法。

（1）低压脉冲法。又称雷达法，主要用于测量电缆的开路和低阻短路故障的距离，还可用于测量电缆的全长、波速度和识别定位电缆的中间头、T 形接头等。

1）基本原理。在测试时，在电缆一端通过仪器向电缆中输入低压脉冲信号，该脉冲信号沿电缆传播，当遇到电缆中的波阻抗变化（不匹配）点，如开路点、低阻短路点和接头点等，该脉冲信号就会产生反射，并返回到测量端被仪器接收并记录下来，如图 6-10 所示，通过检测反射信号和发射信号的时间差，测得阻抗变化点的距离。因高阻和闪络性故障点阻抗变化太小，反射波肉眼无法识别，低压脉冲法对高阻和闪络性故障不适用。

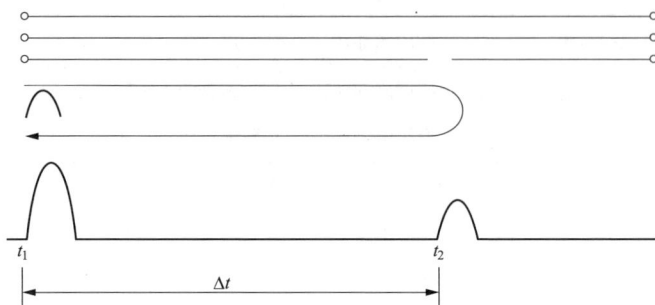

图 6-10　低压脉冲法测试原理

从仪器发出发射脉冲到仪器接收到反射脉冲的时间差 $\Delta t = t_2 - t_1$，即脉冲信号从测试端到阻抗不匹配点往返一次的时间为 Δt，假设脉冲电磁波在电缆中传播的速度为 v，根据公式 $L = v \cdot \Delta t / 2$，可计算出阻抗不匹配点距测量端的距离。

v 是电磁波在电缆中传播的速度，简称为波速度；理论分析表明，波速度只与电缆绝缘介质的材质有关，而与电缆芯线的线径、芯线的材料及绝缘厚度等都没有关系，不管线径是多少、线芯是铜芯的还是铝芯的，只要电缆的绝缘介质一样，波速度就一样。现在大部分电缆都是交联聚乙烯或油浸纸电缆，油浸纸电缆的波速度一般为 $160m/\mu s$，而对于交联电缆，由于交联度、所含杂质等有所差别，其波速度也不太一样，一般在 $170 \sim 172m/\mu s$。如果知道电缆的全长，就可以测得电缆的波速度。

2）反射波的方向与故障距离测量。假设前行电压波为 U_{1q}，正常电缆的波阻抗为 Z_1，故障点的等效波阻抗为 Z_2，行波从 Z_1 向 Z_2 传播，反射电压波为 U_{1f}，由行波反射理论可知：

$$U_{1f} = (Z_2 - Z_1)U_{1q}/(Z_2 + Z_1) = \beta U_{1q}$$
$$\beta = (Z_2 - Z_1)/(Z_2 + Z_1)$$

式中：β 为电压反射系数。

显然，当电缆开路时，Z_2 趋向于无穷，β 趋近于 1，波形发生正全反射，入射波与反射波同方向。如果仪器向电缆中发射的脉冲为正脉冲，其开路反射脉冲就也是正脉冲，波形如图 6-11 所示。

当电缆发生低阻短路或低阻接地故障时，由于 $Z_2 < Z_1$，反射系数 β 将小于零，这时，入射波将与反射波方向相反，并且反射波的绝对值小于入射波的绝对值。显然，如

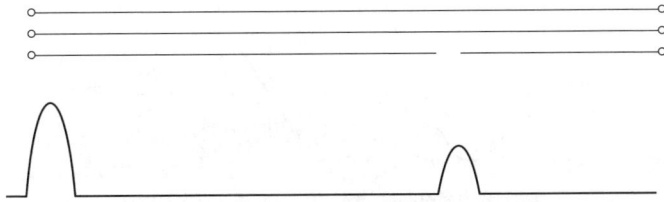

图 6-11 反射波波形（正脉冲）

果仪器向电缆中发射的脉冲为正脉冲，其短路反射脉冲就是负脉冲，如图 6-12 所示。

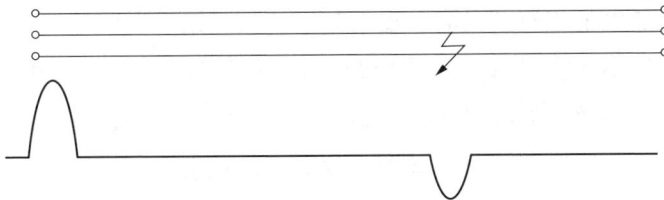

图 6-12 反射波波形（负脉冲）

图 6-13 所示的是低压脉冲法的一个实测波形。在测试仪器的屏幕上有两个光标：一个是实光标，一般把它放在屏幕的最左边（测试端）设定为零点；另一个是虚光标，把它放在阻抗不匹配点反射脉冲的起始点处，这样在屏幕的右上角，就会自动显示出该阻抗不匹配点离测试端的距离。

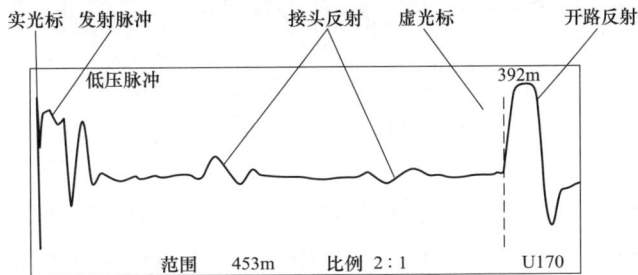

图 6-13 实测波形

一般的低压脉冲反射仪器依靠操作人员移动标尺或电子光标来测量故障距离。由于每个故障点反射脉冲波形的陡度不同，有的波形比较平滑，实际测试时，往往因不能准确地标定反射脉冲的起始点，从而增加了故障测距的误差，所以准确地标定反射脉冲的起始点非常重要。

在测试时，应选波形上反射脉冲造成的拐点作为反射脉冲的起始点，如图 6-14（a）虚线所标定处，也可从反射脉冲前沿作一切线，与波形水平线的相交点，可作为反射脉冲起始点，如图 6-14（b）所示。

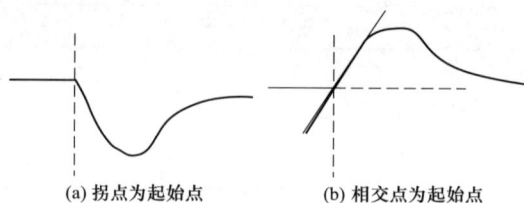

(a) 拐点为起始点　　　　　(b) 相交点为起始点

图 6-14　低压脉冲法测试波形

实际测量时，电缆线路结构可能比较复杂，存在着接头点、分支点或低阻故障点等；特别是低阻故障点的电阻相对较大时，反射波形比较平滑，其大小可能还不如接头反射，更使得脉冲反射波形不太容易理解，波形起始点不好标定，对于这种情况，可以采用低压脉冲比较法测量。将通过故障导体测得的低压脉冲波形与通过良好导体测得的低压脉冲反射波形进行比较，波形明显分歧处即为故障点的反射。

图 6-15 所示是用低压脉冲比较法实际测量的低阻故障波形。从图中可以看出，在故障点之前，良好导体的波形与故障导体的波形基本重合，从虚光标所在位置开始，两个波形出现明显分歧，该处即是低阻故障点，距离为 94m。

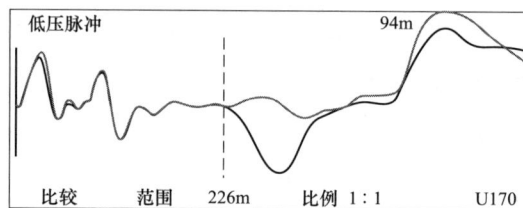

图 6-15　低压脉冲比较法实际测量的低阻故障波形

（2）闪络回波法。闪络回波法是较早应用的一种电缆故障测距法，是一种被动的测试方法，主要用于电缆高阻与闪络性故障的测距。其原理是通过直流高压或间隙击穿产生的脉冲高压将故障点击穿，然后在地线端通过线圈耦合方式采集故障点击穿放电产生的脉冲电流行波信号或者在回路中并联分压电容或分压电阻采集故障点击穿放电产生的脉冲电压行波信号。

实际电缆故障中，断线开路与低阻短路故障很少，绝大部分故障都是高阻或闪络性单相接地、多相接地故障。而对于高阻或闪络性故障，由于故障点处的波阻抗变化太小，低压脉冲在此位置没有反射或反射很小，无法识别，所以低压脉冲法不能测试高阻或闪络性故障。对于这类故障，一般选用把故障点用高电压击穿的闪络法测试。

根据向电缆中加高电压的方式不同，闪络回波法又分为直流闪络回波法（简称直闪法）与冲击闪络回波法（简称冲闪法）。向电缆中施加直流高电压的为直闪法，适用于击穿电压很高的闪络性故障测距；施加脉冲高电压的则为冲闪法，适用范围较广，高阻、低阻及闪络性故障的测距皆适用。鉴于橡塑电缆绝缘自恢复性较差，闪络性故障较少，闪络性故障用冲闪法也可测试等原因，实测中直闪法很少使用。

根据采集行波的不同，闪络回波法又分为脉冲电压法与脉冲电流法。高压闪络时采集电压行波称为脉冲电压法，采集电流行波称为脉冲电流法。因用脉冲电压法测试有一定的安全隐患，故社会上大都选择用脉冲电流法测试高阻或闪络性故障。

综上所述，闪络回波法被细分为脉冲电流直闪法、脉冲电流冲闪法、脉冲电压直闪法、脉冲电压冲闪法四种，也称为直闪电流法、冲闪电流法、直闪电压法、冲闪电压法。下文将对脉冲电流法与脉冲电压法进行说明。

1）脉冲电流法。依上所述脉冲，脉冲电流法由脉冲电流直闪法与脉冲电流冲闪法组成。

如图 6-16 所示，将电缆故障点用直流或脉冲高电压击穿，用仪器采集并记录下故障点击穿后产生的电流行波信号，通过分析判断电流行波脉冲信号在测量端与故障点往返一次所需的时间差 Δt，如图 6-17 所示，根据公式 $l = v \cdot \Delta t / 2$ 来计算出故障距离的测试方法叫脉冲电流法。脉冲电流法采用线性电流耦合器采集电缆中的电流行波信号。

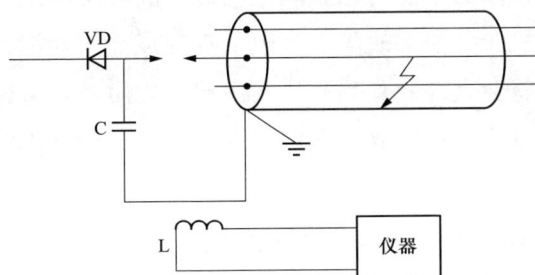

图 6-16　脉冲电流法测试接线

与低压脉冲法不同的是，这里的脉冲信号是故障点放电产生的，而不是测试仪发射的。如图 6-17 所示，把故障点放电脉冲波形的起始点定为零点（实光标），那么它到故障点的反射脉冲波形的起始点（虚光标）的距离就是故障距离。

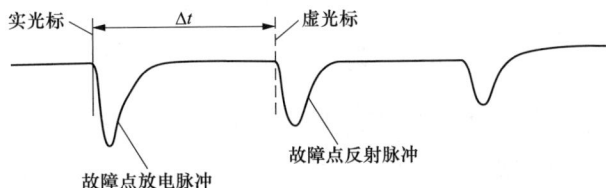

图 6-17　脉冲电流直闪法测试波形图

（a）脉冲电流直闪法。脉冲电流直闪法主要用于高阻和闪络性故障，即故障点电阻极高，在用高压试验设备把电压升到一定值时就产生闪络击穿的故障。

图 6-18 所示的是脉冲电流直闪法测试原理接线图，T1 为调压器，T2 为高压试验变压器，容量一般在 0.5～2.5kVA，输出电压在 30～60kV；C 为储能电容器；L 为线性电流耦合器。线性电流耦合器 L 的输出经屏蔽电缆接测距仪器的输入端子。注意：一般线性电流耦合器 L 的正面标有放置方向，应将电流耦合器按标示的方向放置，否则，输出波形的极性会反向。

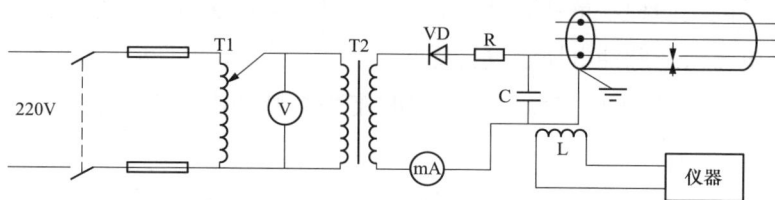

图 6-18　脉冲电流直闪法测试原理接线图

脉冲电流直闪法获得的波形简单、容易理解。图 6-17 所示的波形就是用直流高压击穿闪络性故障所得的脉冲电流直闪法波形；而一些闪络性故障在几次闪络放电之后，往往造成故障点电阻下降，以致不能再用直闪法测试，故在实际工作中应珍惜能够进行直闪法测试而捕捉信号的机会。如果故障点电阻下降变成高阻泄漏性故障后再用直闪法测量，则所加的直流高压就会大部分加到高压发生器的内阻上，可能会引起高压发生器故障。为保险起见，橡塑电缆闪络性故障在实际测量时一般用冲闪法测试，直闪法基本不再使用。

（b）脉冲电流冲闪法。图 6-19 所示的是脉冲电流冲闪法的测试原理接线图。直闪法与冲闪法接线方式的不同点就在于储能电容器 C 与电缆之间串入的球间隙 G，直闪法没有球间隙，是直接对电缆进行直流耐压的。

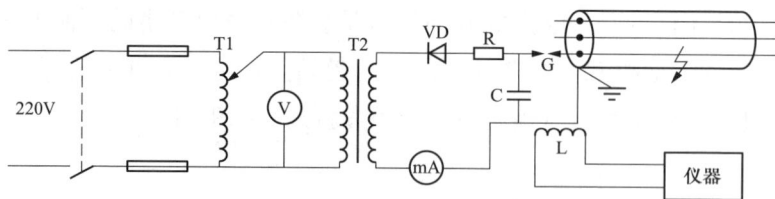

图 6-19　脉冲电流冲闪法的测试原理接线图

测试时，通过调节调压升压器对电容器 C 充电，当电容器 C 上电压足够高时，球间隙 G 击穿，电容器 C 对电缆放电，这一过程相当于把直流电源电压突然加到电缆上去。如果电压足够高，故障点就会击穿放电，其放电产生的高压脉冲电流行波信号就会在故障点和测试端往返循环传播，直到弧光熄灭或信号被衰减掉。

图 6-20 所示的是一个比较常见的、典型的脉冲电流冲闪波形。如图中标示：1 是高压信号发生器的放电脉冲，也就是球间隙的击穿脉冲，球间隙被击穿后，高压才被突然加到电缆中，电容器中电荷也随之向电缆中释放；3 是故障点的放电脉冲，这个脉冲会在故障点与电容器端往返传播；5 是故障点放电脉冲的一次反射波；7 是故障点放电脉冲的二次反射波；从故障点的放电脉冲到一次反射波或者从一次反射波到二次反射波之间都是故障距离。测试时，把零点实光标（2 指示的）放在故障点放电脉冲波形的下降沿（起始拐点处），虚光标（4 指示的）放在一次反射波形的上升沿，显示的数字 380m 就是故障距离。

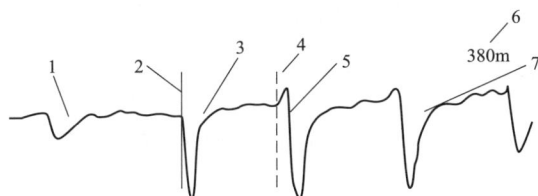

图 6-20　典型的脉冲电流冲闪波形

图 6-20 所示的是典型的脉冲电流冲闪波形，实际测试时，脉冲电流的波形是比较复杂的，不同的电缆、不同的故障，得到的脉冲电流波形是不同的，正确识别和分析测试所得的波形是比较困难的，需要一定的技术与经验。

用脉冲电流冲闪法测试时需要注意以下几个问题：

a）如何使故障点充分放电。由高压设备供给电缆的能量可由 $Q = CU^2/2$ 代算。即高压设备供给电缆的能量与贮能电容量 C 成正比，与所加电压的平方成正比。要想使故障点充分放电，必须有足以使故障点放电的能量，也就是说使故障点充分放电的措施有两条：一是提高电压；二是通过增大电容的办法来延长电压的作用时间。

b）故障点击穿与否的判断。冲闪法的一个关键是判断故障点是否击穿放电。一些经验不足的测试人员往往认为，只要球间隙放电了，故障点就击穿了，这种想法是不正确的。

球间隙击穿与否与间隙距离及所加电压幅值有关，距离越大，间隙击穿所需电压越高，通过球间隙加到电缆上的电压也就越高。而电缆故障点能否击穿取决于施加到故障点上的电压是否超过临界击穿电压，如果球间隙较小，其间隙击穿电压小于故障点击穿电压，故障点就不会被击穿。

可以根据仪器记录波形判断故障点是否击穿；除此之外，还可通过以下现象来判断故障点是否击穿：

——电缆故障点未击穿时，一般球间隙放电声嘶哑，不清脆，甚至于有连续的放电声，而且火花较弱；而故障点击穿时，球间隙放电声清脆响亮，火花较大。

——电缆故障点未击穿时，电流电压表指针摆动较小；而故障点击穿时，电压电流表指针摆动范围较大。

2）脉冲电压法。如图 6-21 和图 6-22 所示，从原理接线图上看，脉冲电压法与脉冲电流法只是采样方式不一样，脉冲电压法是用分压电阻采集脉冲电压行波的，其他没有别的区别。不过，也有厂家通过分压电容采样的，因脉冲电压法有一定的安全隐患，基本没有厂家生产此测距方法的仪器，故对此方法这里不再细述。

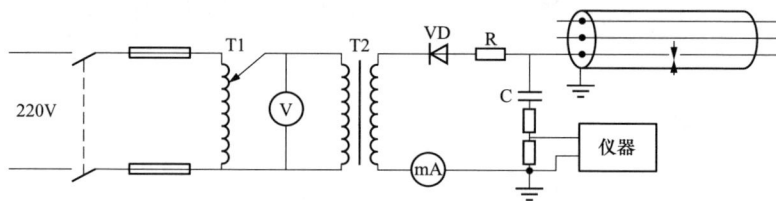

图 6-21　脉冲电压直闪法测试原理接线图

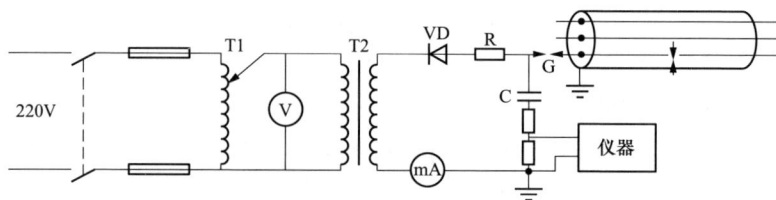

图 6-22　脉冲电压冲闪法测试原理接线图

（3）二次脉冲法。二次脉冲法是一种比较先进的测试方法，是基于低压脉冲波形容易分析、测试精度高的情况下开发出的测距方法，主要用于电缆高阻故障和闪络性故障的测距，其实质是低压脉冲比较法。

1）基本原理。图 6-23 所示的是二次脉冲法测试原理接线图。

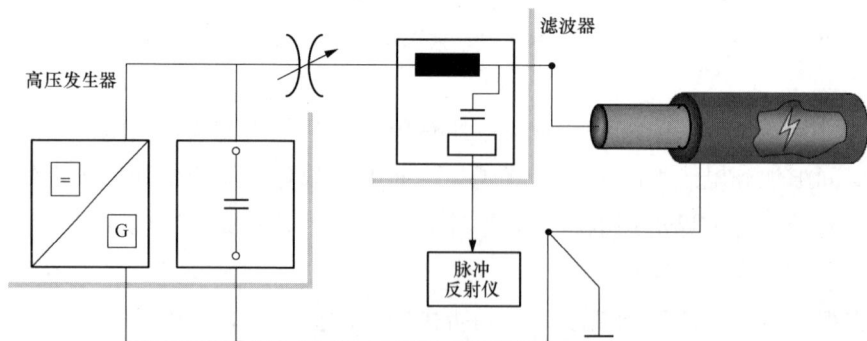

图 6-23　二次脉冲法测试原理接线图

　　二次脉冲法的测距原理是先用高压信号击穿高阻或闪络性故障点，故障点击穿时会出现弧光放电，由于电弧电阻很小，只有几欧姆，在燃弧期间原本高阻或闪络性故障变为低阻短路故障，此时用低压脉冲法测试，故障点处就会出现短路反射波形（称为带电弧低压脉冲反射波形），如图 6-24（a）所示（这是实测波形）。

　　在高压电弧熄灭后或者故障点击穿前，电缆故障点处于高阻状态，此时用低压脉冲法测试，因对于低压脉冲来说，高阻故障就和没故障一样，低压脉冲在故障点处没有反射，这个波形称为不带电弧低压脉冲反射波形，如图 6-24（b）所示。

　　将带电弧低压脉冲反射波形与故障点击穿前或电弧熄灭后的不带电弧低压脉冲反射波形同时显示在显示器上，进行比较，如图 6-24（c）所示，两波形在故障点处出现明显差异点，把虚光标移动到两波形的分叉点处，显示的 440.3m 就是故障距离。

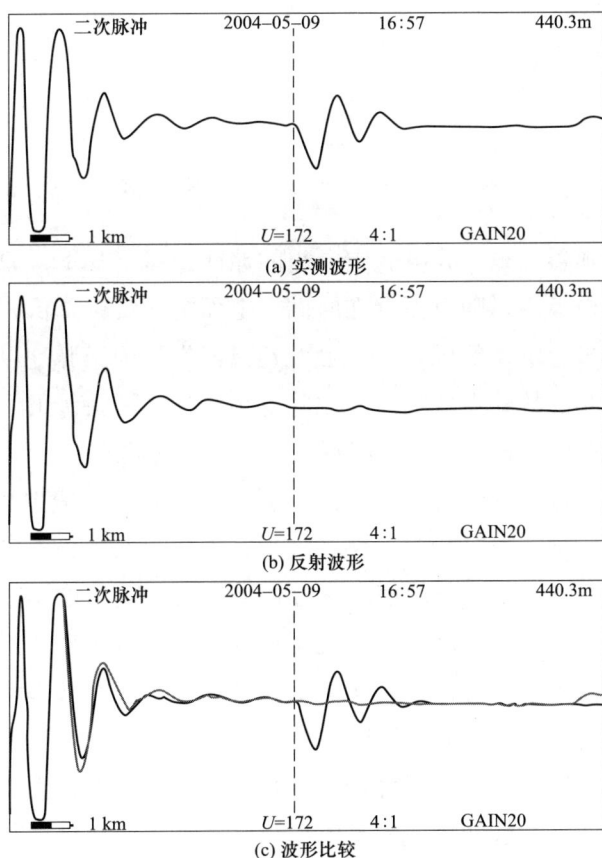

(a) 实测波形

(b) 反射波形

(c) 波形比较

图 6-24　二次脉冲波形图

　　从图 6-24（c）可以看出，二次脉冲法测得的波形简单，易于识别，是较为先进的测试方法。但由于用二次脉冲法测试时，故障点处必须存在一段时间较为稳定的电弧，对部分高阻故障来说，这个条件很难达到，无法获得二次脉冲反射波形，所以与闪络回波法相比，用二次脉冲法测试成功的比例要稍小，约有 30% 的高阻故障，闪络回波法可以测试，但二次脉冲法不能。

随着测试技术与探测设备的发展，二次脉冲法又派生出三次脉冲法、多次脉冲法（包含五次、八次、十二次等脉冲法），新方法是对原方法的改良，目的是获取到最优二次脉冲波形，提高故障测距的成功率。

2）三次脉冲法。图 6-25 所示的是三次脉冲法测试原理接线图，与图 6-23 比较可以看出，图 6-25 中增加了一台延弧器。

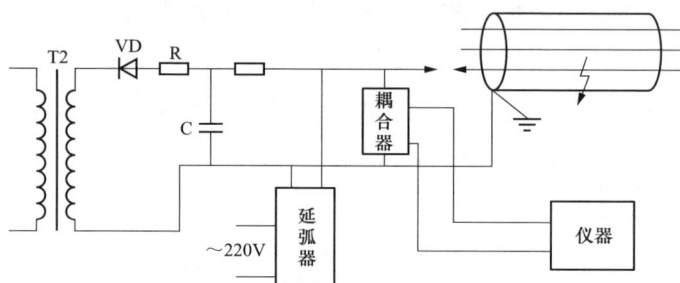

图 6-25   三次脉冲法测试原理接线图

延弧器又称为续弧器，是一大电容中电压的储能设备，其工作原理是：用高压脉冲击穿电缆故障点产生电弧后，随电弧存在时间，电弧电压缓慢降低，在电弧电压降到一定阈值（与延弧器的电容电压等同）时，触发延弧器发送中压脉冲以稳定和延长电弧时间。延弧器存在目的是在故障点放电后向故障电缆中注入一持续的、比较大的能量，用来延长电弧存在的时间，以便于获得带电弧低压脉冲反射波形。

3）多次脉冲法。低压脉冲耦合设备在高压信号发生器向电缆中注入高压脉冲后，一次性向电缆中发生多次低压脉冲信号，例如四次、五次、八次、十二次等，然后把这些低压脉冲信号的反射脉冲波形，与故障点击穿前或电弧熄灭后的不带电弧低压脉冲反射波形分别进行比较，自动选择分歧最大、最明显的一对比较波形放到液晶上显示的，厂商一般称其设备使用的为多次脉冲；把所有对比较波形都放在液晶上显示，供测试人员点取、人工肉眼观察分析的，厂商一般称其设备使用的为五次、八次、十二次脉冲等。

二次脉冲法、三次脉冲法与多次脉冲法（包含五次、八次、十二次脉冲等）定义的根据不在一个频道上。二次脉冲法说的是电缆故障点放电前后带电弧低压脉冲反射波与不带电弧反射波的比较；三次脉冲说的是电缆故障点放电后，为延长电弧存续时间，增加了一个中压脉冲；而多次脉冲则说的低压脉冲耦合设备在高压脉冲注入电缆后，一次性向电缆中发生多次低压脉冲信号。

二次脉冲法、三次脉冲法与多次脉冲法其实质都是二次脉冲，研发人员研发三次脉冲法与多次脉冲法的目的，皆为获取到更好的二次脉冲波形，提高二次脉冲测试的成功率。随着研发的深入，现有故障探测设备能在电缆故障点击穿瞬间，精确检测到放电电弧的起弧时刻，在电弧稳定时间段再注入低压脉冲信号，以获取最优二次脉冲波形。

随着技术及设备的发展，二次脉冲法已成为电缆主绝缘故障测距的首选方法。

2. 电阻法

电阻法是通过测量故障电缆从测量端到故障点的线路电阻，或测量出电缆故障段与全长段电阻的比值，获得故障距离的测距方法。其包含传统直流电桥法、压降比较法和直流电阻法等故障测距方法。随着技术及设备的发展，近年出现了综合使用压降比较法与直流电阻法测距的设备，称为智能电桥。

如图 6-26 所示，凡是通过设备测量电缆 AF 两点间电阻大小或 AF 与 AB 距离百分比，计算出故障距离的各种方法，都定义为电阻法。有些资料和生产厂家也把这几种方法统称为电桥法，例如直流电阻法测距设备常被称为数字智能电桥，本文也把电阻法测距设备统称为电桥。

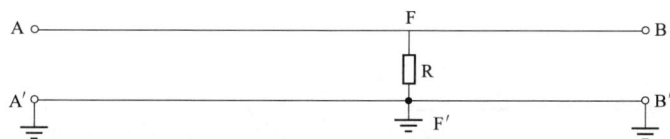

图 6-26　电阻法接线

注：A、B 代表电缆的两终端；F 点为故障点；R 为绝缘电阻；AB 代表电缆的全长。

根据电桥内部电源的电压大小，电桥分为低压电桥与高压电桥两种。低压电桥的电源电压一般小于几十伏，而高压电桥的电源电压则大于几千伏。传统低压电桥一般用于测量接地或短路电阻小于 100Ω 的故障，而高压电桥则可以测量绝缘电阻 $100k\Omega$ 以下的故障。现因低压脉冲法测距设备的存在，低压电桥已很少被选用。

注：不同型号的电桥，其电源电压亦不相同，电源电压越高，可测电阻的范围就越大。例如有些低压电桥内部的电源电压达 50V 或以上，最大可测电阻就会高于 100Ω；再如高压电桥的最高电压可达 30kV，其最大可测电阻也就会高于 $100k\Omega$。实际上，电桥能不能测量某电缆故障，在于用电桥向电缆通电时，故障点处能不能形成大于 20mA 的稳定电流，只要能形成，就可以测试。有些材料上说，电流只要稳定，10mA 都可以测试，如电流不稳，50mA 也不能测。但根据现场测试经验，电缆的故障电阻在不同电压、不同电流下是变化的，20mA 以上电流时，故障电阻就基本相对稳定下来了。并且，回路电流达 20mA 以上时，电桥测试线夹和对端短路线夹与电缆接触点处的金属氧化膜可被烧穿，接触点的接触电阻可降至 0，接触电阻对测试结果的影响也基本下降到无。当然，一切都不是绝对的，要根据现场的实际情况进行具体分析。

电桥法用于电力电缆故障测试的历史比较悠久，因习惯原因，在一些单位和地区一直把电桥法作为测试电缆故障的主要测试方法。电桥法最主要的缺点是对电缆主绝缘出现的大部分高阻故障都不能很有效地测试，而且存在测试时必须有一个良好相在对端配合，并且测距结果易受接触电阻与其他运行电缆感应电压的影响等缺陷，现随着行波法的普及，电桥法的使用人群慢慢在减少。但是，对一些特殊结构类型电缆的故障，例如无铠低压电缆接地故障与单芯电缆护层故障等，电桥法有其本身的独到之处。特别是随着电缆冷缩接头的推广，接头进水受潮、高压不易击穿的主绝缘故障越来越多，电桥法近几年又被重视起来。

（1）直流电桥法。直流电桥法是一种传统的电桥测试法。接线图如图 6-27 所示，将被测电缆故障相终端与另一完好相终端短接，电桥两臂分别接故障相与非故障相，其等效电路图如图 6-28 所示。

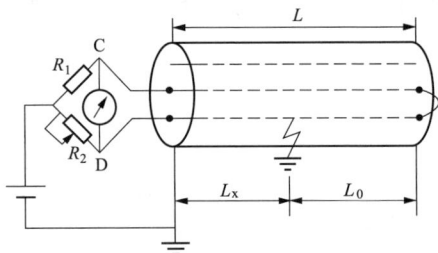

图 6-27　直流电桥接线图　　　　图 6-28　直流电桥等效电路图

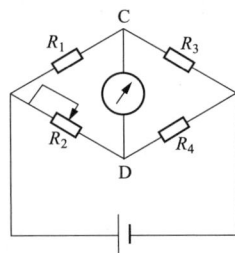

仔细调节电桥臂上的一个可调电阻器 R_2，使电桥平衡，即 CD 间的电位差为 0，无电流流过检流计，此时根据电桥平衡原理可得：$R_3/R_4 = R_1/R_2$，经过推导可得

$$R_1 L_x = (2L - L_x) R_2$$

所以

$$L_x = 2L \frac{R_2}{R_1 + R_2}$$

式中：L 为电缆长度（m）；R_2 为测量臂电阻（Ω）；R_1 为比例臂电阻（Ω）；L_x 为从测量端到故障点的距离。

电桥测量的是 $\frac{R_2}{R_1 + R_2}$ 这个千分比值，实际测试时，为保证测试结果可靠，常常用正接法测一次，用反接法测一次，正接法测量的是 $\frac{L_x}{2L}$，反接法测量的是 $\frac{L_0 + L}{2L}$，两个千分比的和必须接近 1000‰，然后再用正接法测量的千分比与 2 倍的电缆全长相乘，得出故障距离 L_x。

（2）压降比较法。图 6-29 所示为压降比较法原理接线图。测试时，用导线在电缆远端将电缆故障相与电缆另一完好相连接在一起，将开关 K 调到"Ⅰ"的位置，调节直流

电源 E，使电流微安表达到 20mA 以上的一定指示值，测出电缆完好相与故障相之间的电压 U_1；而后再将电键开关 K 调到"Ⅱ"的位置，再调节直流电源 E，使电流微安表的指示值和刚才的值相同，测得电缆完好相与故障相之间的电压 U_2，由此得到故障点距离为

$$x = 2LU_1/(U_1 + U_2)$$

式中：L 为线路全长。

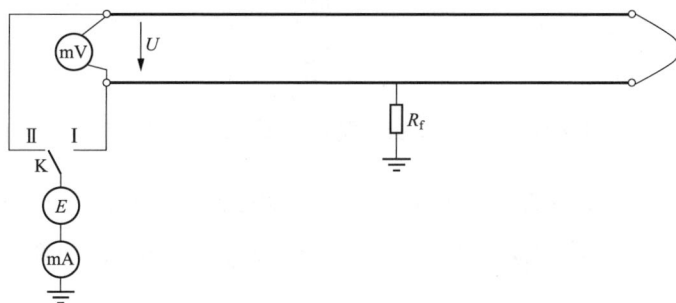

图 6-29　压降比较法原理接线图

（3）直流电阻法。图 6-30 所示为直流电阻法原理接线图。测试时，用导线在电缆远端将电缆故障相与良好相连接在一起，调节直流电源 E，在故障相与大地之间注入电流 I，测得故障相与非故障相之间的直流电压为 U_1。因从故障点到电缆远端再到完好电缆测量端部分的电路无电流流过，处于等电位状态，电压 U_1 即为故障相从电源端到故障点之间的电压降，因此，可以得到测量点与故障点之间的电阻为

$$R_x = U_1/I$$

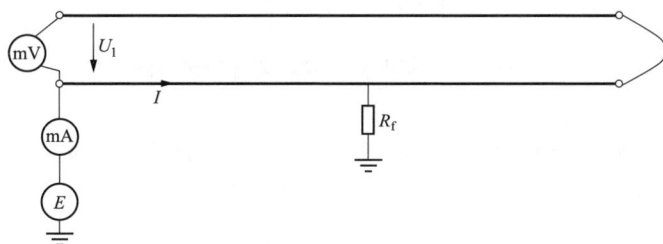

图 6-30　直流电阻法原理接线图

假定电缆相的电阻率为 R_0，则得故障距离为

$$L_x = R_x/R_0$$

若不知道电缆确切的电阻率，则可以通过现场测量的方法获得。具体做法与前面测量故障点距离的电阻法类似，不过要选另一个完好的电缆芯线代替故障电缆芯线，将被测电缆的远端直接接地（避开远端短接线接线点），如图 6-31 所示，这时测量到的电阻

是电缆全长电阻 R，除以电缆全长即可得到电缆芯线单位长度的电阻率。

根据公式 $L_x = \dfrac{R_x}{R} \cdot L$ 即可计算出故障距离。

图 6-31　直流电阻法原理接线图（远端直接接地）

（4）智能电桥。图 6-32 所示为智能电桥故障测试原理接线图，其测试方法综合了压降比较法与直流电阻法的特点，并通过程序控制开关 K5 与 K6 自动测试，自动给出测试结果。

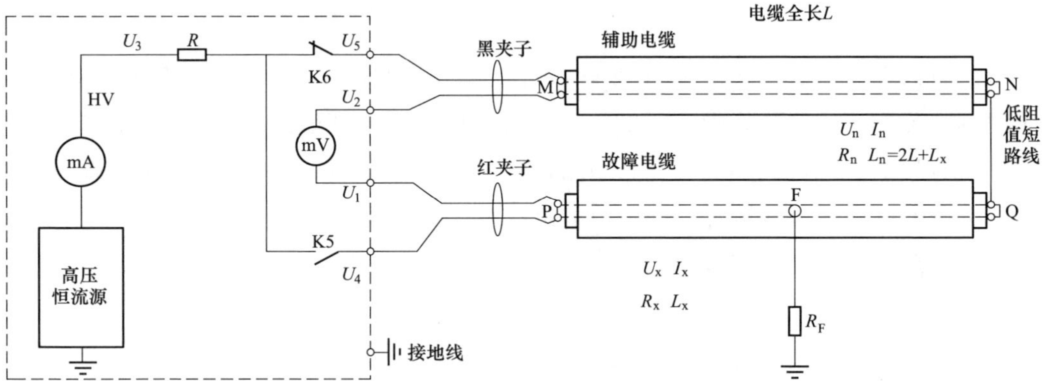

图 6-32　智能电桥故障测试原理接线图

测试时，高压合闸后，仪器内部 K5 处于合闸、K6 处于分闸状态，调整电源至大于 20mA 以上的稳定电流，然后确认仪器可以开始测试工作，此时仪器自动测量并记录 U_x 与 I_x，然后仪器通过程序自动控制 K5 开关打开合闸、K6 开关合闸，测出 U_n 与 I_n，根据以下公式计算出故障距离 L_x。

$$L_x = \frac{\dfrac{U_x}{I_x}}{\dfrac{U_x}{I_x} + \dfrac{U_n}{I_n}} \times 2L$$

随着技术的发展与制作工艺的改进，选用阻抗法作为测量原理的仪器设备得到了很大的提高，部分设备已不再需要人工调整电压、电流与检流计归零等，也不再需要人工计算故障距离。但选用阻抗法测量电缆的故障距离时，需要注意如下问题：

1）注入电流大小的选择。从提高测量灵敏度、克服干扰电压影响的角度出发，直流电源所提供的电流应尽可能大一些，但直流电源提供的电流又受到电源元器件功率、体积、造价等因素的限制。考虑到直流电压表的测量分辨率在 0.1mV 以上，为达到 10m 的测距分辨率，注入电流一般应在 20mA 以上，电缆芯线的直径越大，注入的电流就应越大。实际应用中，建议使用电压 5000V、额定电流 100mA 以上的直流电源。

2）尽量减小接触电阻与对端短路线电阻的影响。直流电桥法与压降比较法的测量精度受对端短路线电阻与接触电阻的影响，短路线及接触电阻一般在 0.01～0.1Ω 之间，而电缆芯线单位长度的电阻也基本在 0.01～0.1Ω/km 之间，如果不想办法减少这个电阻，将引起测试失败。常见的做法有加粗对端短路线与每次接线时都用钢锉处理连接点处的接触面等。而直流电阻法则不受对端短路线电阻与接触电阻的影响，但需要事先知道单位长度的电阻或专门测量单位长度的电阻。

3）多点接地。如果故障电缆有多个接地点，以上介绍的测量原理将不再适用；并且如果有地电位的存在，电路中会引入地电位差的影响，测量结果也将不再准确。

五、 电缆故障定点方法

测得电缆故障距离后，先根据电缆的路径走向，判断出故障点大致方位，再通过故障定点仪器到该方位处探测故障点精确位置。常见的电缆故障精确定点的方法主要有声测法、声磁同步法、音频电流信号感应法与跨步电压法。

1. 声测法

经高压信号发生器向故障电缆中施加高压脉冲信号后，一般故障点会产生放电声音信号。测试人员用耳朵监听故障点放电的声音信号或者用眼睛看故障点放电的声音信号所转换的可视信号，通过判断故障点放电声音的大小找到故障点的方法称为声测法。

对于直埋电缆，故障点放电时产生的机械振动传到地面，通过振动传感器和声电转换器，在耳机中便会听到"啪、啪"的放电声音；对于通过沟槽架设的电缆，把盖板掀开后，用人耳直接就可以听到放电声。

很显然声测法比较容易理解与掌握，可信性也较高。但用声测法探测电缆故障，也有其一定的缺点：

（1）受外界环境的影响较大。实际测试中，外界环境噪声的干扰很大，使人很难辨认出真正的故障点放电声音，有时为了排除外界噪声干扰，需要夜深人静时才能测试。

（2）受人的经验和测试心态的影响较大。因为声测法需要用人的耳朵去听放电声音，测试人员的经验和耳朵分辨声音的灵敏度成为能否找到故障点的关键。实际测试时，操作人员远离高压放电设备后，往往因长时间听不到故障点的放电声音，心情浮躁，会怀疑高压设备已停止工作或怀疑自己已经偏移了电缆路径而使故障定点工作不能继续进行。

对于加高压后能产生放电声音的故障，最先进的定点方法是声磁同步法。

2. 声磁同步法

如图 6-33 所示，经高压信号发生器向故障电缆加脉冲高压信号使故障点放电时，故障点处除了发出放电声音信号，同时放电电流也会在电缆周围产生脉冲磁场信号。由于磁场信号是电磁波，传播速度极快，从故障点传播到仪器传感器探头放置处所用的时间可忽略不计，而声波的传播速度则相对较慢，传播时间为毫秒级，因此同一放电脉冲产生的声音信号和磁场信号传到探头时会有一个时间差，称为声磁时间差。

用传感器同步接收故障点放电产生的脉冲磁场信号与声音信号，测量出两个信号传播到传感器的声磁时间差，通过判断声磁时间差的大小探测故障点精确位置的方法叫声磁信号同步接收定点法，简称声磁同步法。

声磁时间差的大小即代表故障点距离的远近，找到时间差最小的位置，即为故障点的正上方，换句话说，此时传感器所对应的正下方即为故障点。注意：由于周围填埋物不同与埋设的松软程度不同等原因所致，很难知道声音在电缆周围介质中的传播速度，所以不太容易根据磁、声信号的时间差，准确地知道故障点与探头之间的距离。

同声测法一样，声磁同步法可以测试除金属性短路以外的所有加脉冲高压后故障点能发出放电声音的故障。所不同的是，用声磁同步法定点时，除了接收放电的声音信号外，还需接收放电电流产生的脉冲磁场信号。

通过感应线圈和振动传感器，用现代微电子技术可以把脉冲磁场信号和声音信号记录下来，并可把声音信号波形和磁场信号波形显示在同一屏幕上。图 6-33 所示的就是声磁同步法查找故障点的液晶显示，液晶上半部分显示磁场波形，下半部分显示声音波形，通过磁场波形的正负查找电缆的路径，使测试人员定点时不至于偏离电缆。由于在接收到脉冲磁场后和接收到放电声音前的这段时间内，外界是相对安静的，这段时间内的声音波形近似为直线，直线的长度就代表时间差的长短。如图 6-33 所示，放电声音波形前面（虚线光标左边）的直线部分代表的就是声磁时间差，通过比较这段直线的长短就可

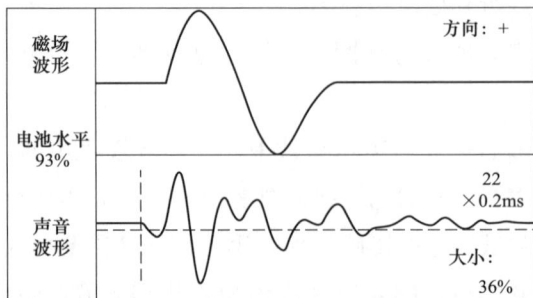

图 6-33 声磁同步法定点的液晶显示

以查找到故障点；这段直线最短时，探头所在位置的正下方就是故障点。

图 6-34 所示的是把传感器放置在两个不同位置时的仪器屏幕的显示，从图中可以看出，图 6-34（a）所示的磁场波形为负，图 6-34（b）所示的磁场波形为正，说明这两次传感器放置的位置分别在电缆的不同侧。同时可以看出，图 6-34（a）所示的声音波形前的直线段较长，说明图 6-34（a）所对应的传感器比图 6-34（b）所对应的传感器离故障点稍远。

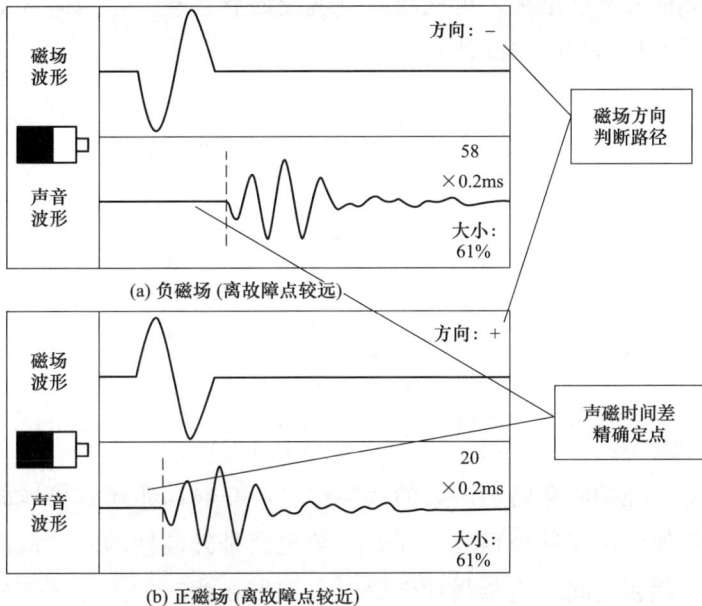

图 6-34　把传感器放置在两个不同位置时的仪器屏幕的显示

声磁同步法定点的精度与可靠性很高，定点误差可达 0.1m 以内。但用这种方法定点时，高压信号发生器的接线一定要注意：高压应加在故障相与金属护层之间，金属护层两端接地。对于有金属护层的低压电缆发生相间故障时，要把其中一相两端与金属护层连接，然后使金属护层接地，否则定点时，可能会没有磁场。

3. 音频电流信号感应法（音频感应法）

（1）应用范围。音频感应法一般用于探测故障电阻小于 10Ω 的金属性接地或短路故障。这类故障，加高压脉冲后放电声音微弱，用声测法与声磁同步法定点比较困难，特别是发生金属性短路故障的故障点根本无放电声音。

（2）定点方法。音频感应法定点的基本原理与用音频感应法探测地埋电缆路径的原理一样。探测时，用 1kHz 或以下的音频电流信号发生器向待测电缆中加入音频电流信号，在电缆周围就会产生同频率的音频磁场信号，接收并经磁电转换后送入耳机或指示仪表，根据耳机音频信号的强弱或指示仪表指示值的大小即可找到故障点的精确位置。

1）电缆相间短路（两相或三相短路）故障的定点方法。如图 6-35 所示，用音频感应法探测相间短路（两相或三相短路）故障的故障点位置时，向两短路线芯之间注入音频电流信号，在地面上将接收线圈垂直或平行放置接收该音频信号（垂直于电缆），并将其送入接收机进行放大。向短路的两相之间加入音频电流时，地面上的磁场主要是由两个通电导体的电流产生的，并且随着电缆的扭矩而变化；因此，在故障点前，感应线圈沿着电缆的路径移动时，会听到声响较弱但有规则变化的音频信号，当感应线圈位于故障点上方时，音频信号突然增强，再从故障点继续向后移动，音频信号即明显变弱甚至是中断，音频声响明显增强的点即是故障点。

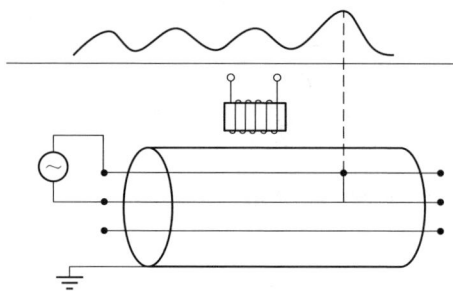

图 6-35　用音频感应法探测相间短路（两相或三相短路）故障的故障点位置

除低压电缆外，纯相间金属性短路的故障很少，一般都伴随着接地故障出现。无金属护层的低压电缆发生金属性短路故障时，一般也会是开放性的对大地泄漏的故障；当有金属护层的电缆两相之间发生金属性短路时，如果在相间加入音频信号，则收到的音频磁场的强度可能很小，测试时一定要细心。

2）单相金属性接地故障的定点方法。按图 6-36 所示，用音频感应法探测低阻接地故障的精确位置时，向接地芯线和金属护层之间加入音频电流，并拆开金属护层对端的接地线。这时，地面上的磁场主要是电流 I' 产生的（如图 6-46 所示，在电缆路径探测中论述），I' 是由电缆金属护层对大地的泄漏电流、故障点处带电芯线与大地的回路电流和金属护层通过接地点与大地之间的回路电流共同组成的。当感应线圈在信号输入端到故障点这段电缆路径上移动时，会接收到有规律的、强度相等的音频声音，当感应线圈移动到故障点上方时，声音会突然增强数倍，再从故障点继续向电缆末端移动时，音频声音又会明显变弱，音频声音信号明显增强或中断的点即是故障点。

用音频感应法实际探测低阻故障点时，由于干扰和故障点后可能存在金属护层外的绝缘护层破损，在故障点处常会没有上述所说的信号变化特征，所以用音频感应法进行低阻故障精确定位的可靠性不是很高。

4. 跨步电压法

跨步电压法可用于直埋电缆故障点处护层破损的开放性故障与单芯电缆护层故障的精确定点，其工作原理如下。

144

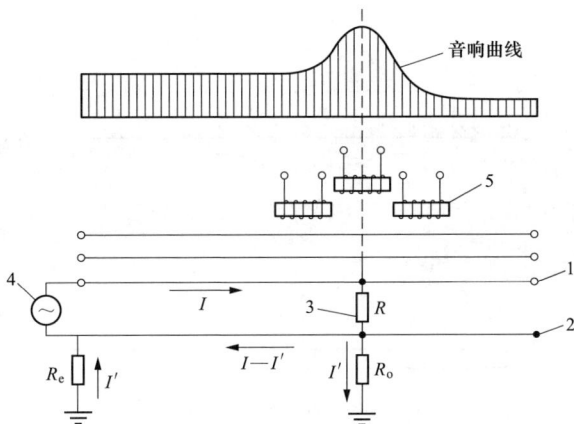

图 6-36　用音频感应法探测低阻接地故障的精确位置

如图 6-37 所示，假设该直埋电缆发生开放性接地故障，AB 是芯线，A′B′是金属护层，故障点 F′处已经裸露对大地。把护层 A′和 B′两点接地线解开，从 A 端向电缆线芯和大地之间加入高压脉冲信号，在 F′点的大地表面上就会出现喇叭型的电位分布，用高灵敏度的电压表在大地表面测两点间的电压，在故障点附近就会产生如图 6-38 所示的电压变化，在插到地表上的探针前后位置不变的情况下，在故障点前后电压表指针的摆动方向是不同的，以此就可以找到故障点的位置。

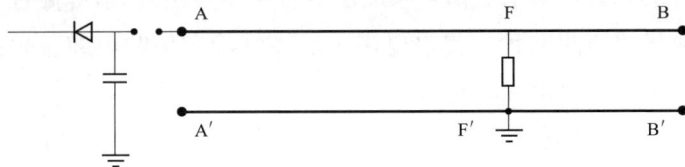

图 6-37　用跨步电压法对故障精确定点

用跨步电压法对电缆故障进行精确定点时，一定要注意以下几点：

（1）跨步电压法只能测试直埋电缆的开放性接地故障，不能用于探测非开放性的和其他敷设方式的电缆故障。

（2）在故障相和大地之间加脉冲高压的，护层两端的接地线一定要解开。

（3）加高压时金属护层是瞬间带高压的，护层表面其他被破坏的地方也可能会在地表上产生跨步电压分布，所以用跨步电压法进行故障定点时，一定要参照测得的故障距离，否则找到的地方可能不是真正的故障点。

（4）根据跨步电压原理，生产出了许多形式的仪表，其中以能显示故障点方向的为最佳。但不管何种表现形式，测试时插到地表上，电压表的探针前后位置不能有变化，测试时一定要注意这一点。

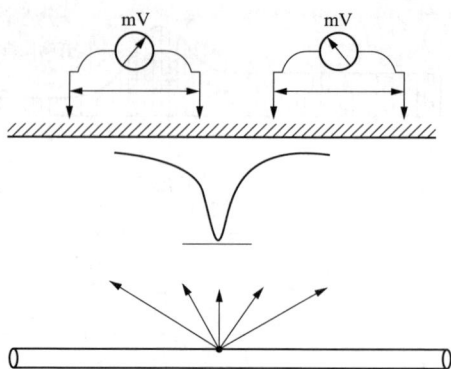

图 6-38　故障点附近电压变化

六、　电缆路径探测

电缆故障查找时，明确知道电缆的路径是非常重要的。一是在电缆发生故障后需要沿路径巡查；二是在电缆故障测距后，需根据电缆的路径，判断故障点的大体范围，范围越小精确定点就会越快越容易。但部分电缆是直埋或管沟敷设的，在图纸资料不齐全的情况下，很难明确判断出电缆路径，需用仪器进行探测。

电缆路径探测设备包括地下金属管线探测仪与普通的停电电缆路径探测仪器，主要采用的路径探测方法皆为音频电流信号感应法（音频感应法）。电缆路径探测还有脉冲磁场方向法与脉冲磁场幅值法两种，其主要用于故障精确定位时电缆位置的确定，目的是使故障探测的人员不要远离电缆路径。

1. 音频电流信号感应法

（1）基本原理。用音频信号发生器向电缆中输入一特定频率的音频电流信号，该电流信号在电缆周围就会产生音频磁场，通过传感器线圈接收这一特定频率的音频磁场，经磁声或磁电转换为人们容易识别的声音信号或其他可视信号，即可探测出电缆的路径。常见注入音频信号的频率为 512Hz、1kHz、8kHz、10kHz、15kHz、66kHz、93kHz 等多种。之所以有这么多种可选频率，是为了防止干扰，当一种频率受干扰时，就换另外一种频率。

（2）音频电流信号输入方式及适用范围。音频电流信号输入到电缆的方式有三种：

1）直连法。在电缆的终端处，把信号发生器的两条信号输出线直接连接到被测电缆上，直接输入音频信号的方法。可用于停电电缆的探测。

2）耦合法。在电缆终端处或中间某位置，通过大口径钳形互感器，把音频信号耦合到电缆上的方法。可用于停电电缆的探测，也可用于带电电缆的探测。

3）辐射法。在金属管线的上方，采用发射的方式用信号发生器向金属管线敷设音频信号，用于探测找不到金属管线两终端并无法用耦合方法输入信号的情况，电缆路径探测很少采用此种方法。

图 6-39 所示的是直连法中在芯线和金属护层之间注入信号的接线方式，电缆对端该芯线要与金属护层短路，金属护层两端需接地。直连法还有在金属护层和大地之间、芯线和大地之间、两相芯线之间等多种信号直接输入方式。

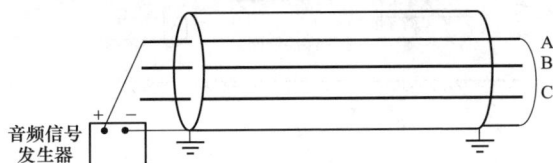

图 6-39 直连法中在芯线和金属护层之间注入信号的接线方式

说明：无论哪种信号输入方式，都需有音频电流信号经过大地传播，例如经互感器耦合的接线方式中电缆金属护层的两端必须接地良好，否则电缆周围就没有音频磁场。

（3）普通路径仪电缆路径探测。普通路径仪由一台频率单一的音频信号发生器与单个线圈的音频信号接收器组成，一般只有直连法一种信号输出方式，只能用于停电电缆路径的探测。用普通路径仪探测电缆路径时，根据传感器感应线圈放置的方向不同，又分为音峰法与音谷法两种。

如图 6-40 所示，向电缆中注入音频电流信号后，当传感器感应线圈轴线垂直于地面时，电缆的正上方线圈中穿过的磁力线最少，线圈中的感应电动势最小；线圈向电缆左右方向移动时，音频声音增强，当移动到某一距离时，响声最大，再往远处移动，响声又逐渐减弱。在电缆附近，磁场强度与其位置关系形成一马鞍形曲线，曲线谷点所对应的线圈位置就是电缆的正上方，这种方法就是音谷法。

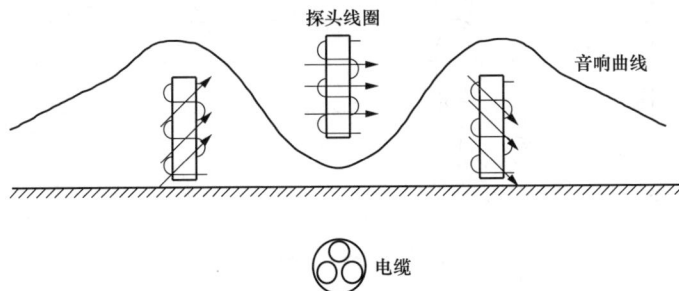

图 6-40 音谷法测量时的音响曲线

如图 6-41 所示，当感应线圈轴线平行于地面时（要垂直于电缆走向），电缆的正上方线圈中穿过的磁力线最多，线圈中的感应电动势也最大，线圈向电缆左右方向移动时，音频声音逐渐减弱，磁场最强的正下方就是电缆，这种方法就是音峰法。实际测量时，音峰法是最常用的测试方法。

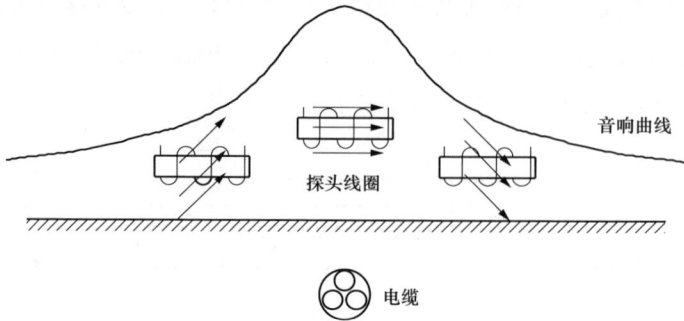

图 6-41　音峰法测量时的音响曲线

（4）地下金属管线定位仪电缆路径探测。金属管线定位仪由一台多频率的音频信号发生器与多线圈组合的音频信号接收器组成，音频信号接收器有液晶显示器，有直连法、耦合法与辐射法等多种信号输出方式，可用于停电及带电运行电缆的路径探测。

金属管线定位仪各线圈的位置已固定，通过比对线圈之间感应电动势的大小，可判断电缆的位置。用金属管线定位仪探测电缆路径时，只需面对电缆走向，把传感器垂直于地面即可，液晶可显示电缆的方位或信号的强度，并会用蜂鸣声的大小提示。

2. 脉冲磁场方向法与脉冲磁场幅值法

如图 6-42 所示，用直流高压信号发生器向电缆中施加高压脉冲信号，故障点击穿放电时的放电电流是一暂态脉冲电流，如同音频电流一样，该脉冲电流会在电缆周围产生脉冲磁场，用感应线圈接收这个磁场，即可找到电缆的路径。

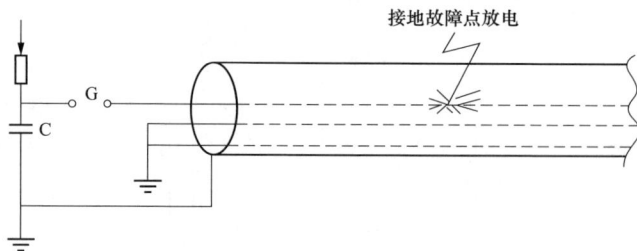

图 6-42　高压击穿方式接线示意图

如果脉冲电流的方向是图 6-43 所示的从平面中出来的方向，根据右手螺旋法则，其在电缆周围产生的磁场方向就如图中所示。

（1）脉冲磁场方向法。如图 6-44 所示，把感应线圈以其轴心垂直于大地的方向分别放置于电缆的左右两侧，左侧磁力线是从上方进入并穿过线圈的，右侧磁力线则是从下

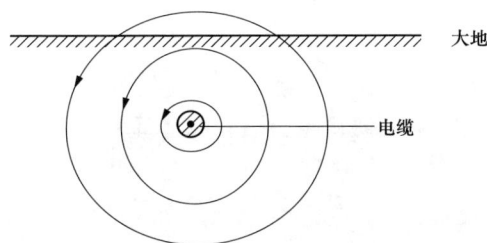

图 6-43　脉冲电流在电缆周围产生的脉冲磁场磁力线方向

面进入并穿过线圈的。如果左侧线圈感应到的电动势是正电动势，则在右侧感应到的必是负电动势。可用波形把线圈感应到的电动势表示出来，如图 6-44 所示，左侧为正电动势，波形初始方向朝上，称为正磁场；右侧为负电动势，波形初始方向朝下，称为负磁场。电缆的左右两侧磁场的方向是不同的，在磁场方向交替的正下方就是电缆，利用这个特点可以找到电缆的位置，多点连线即是电缆的路径。

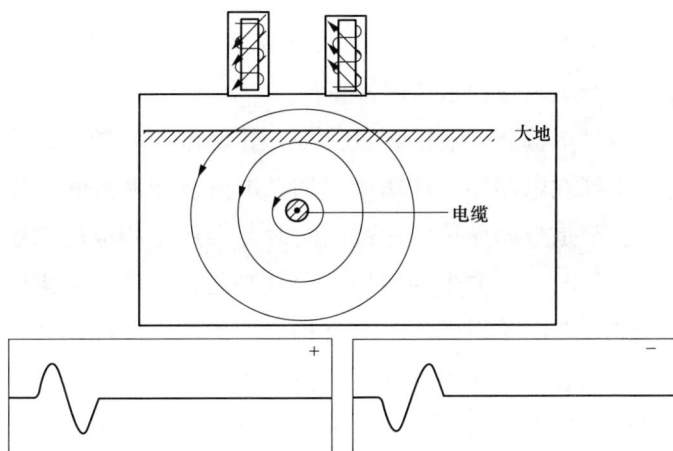

图 6-44　用脉冲磁场方向法测感应电动势方向

（2）脉冲磁场幅值法。如图 6-45 所示，同音频电流信号感应法一样，如果把感应线圈平行于地面（垂直于电缆），则电缆的正上方线圈中穿过的磁力线最多，线圈中的感应电动势也最大，往电缆的两侧会越来越小，用指针式电压表或其他方式显示感应电动势的大小，电动势最大的下方就是电缆，利用这种方法也可以查找电缆的路径。

实际测试时，用脉冲磁场的方向法与幅值法探测电缆路径，一般是和电缆故障的精确定位一起进行的，主要目的是使故障精确定位人员不偏离电缆路径，而测试人员平时使用的路径仪一般都是选用音频电流信号感应法进行路径探测的。

（3）使信号更强的方法。无论选用上述哪种路径探测的方法，都需感应线圈能接收到音频电流或脉冲电流在电缆周围产生的磁场信号，上述电流能否在电缆周围产生较强

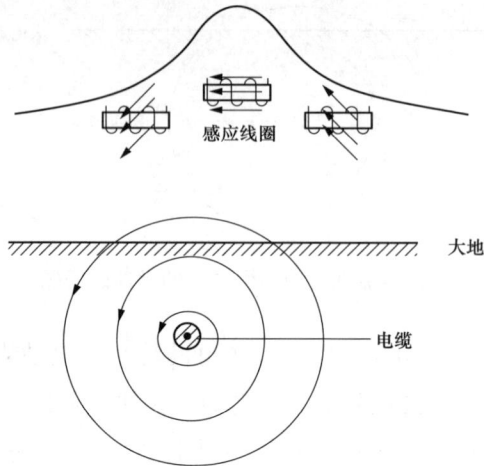

图 6-45　电缆上方脉冲磁场的幅值

磁场信号是路径探测成功的关键。如果向电缆中输入的音频电流或脉冲电流不能在电缆周围产生磁场信号或产生的磁场太弱，都可能导致路径探测或者故障精确定点的失败。那么，怎样使电缆周围产生较强的磁场信号呢？

电流流经金属导体时，就会产生相应的磁场。图 6-46 所示的是向线芯与金属护层之间注入电流信号的接线等效电路图，从图中可知，电流从线芯进入，经金属护层与大地返回。线芯与金属护层都是金属导体，通过电流时都会产生相应的磁场，但线芯与金属护层中的电流方向是相反的，其产生的磁场方向也必是相反的，如果两者中的电流值相等，磁场就会相互抵消，在电缆周围就不会有相应的磁场。所以，如想使电流信号在电缆周围产生磁场，流经线芯与金属护层的电流值就不能相等，必须有一部分电流从其他导体分流，这里的其他导体就是大地，从大地中分流的电流 I' 是路径探测的关键，I' 越大，电缆周围的磁场就越大。

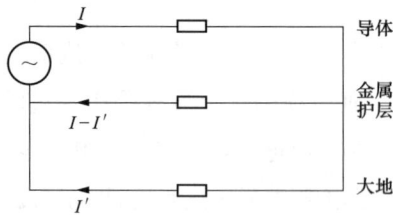

图 6-46　相铠之间注入电流信号的等效电路图

实际路径探测过程时，无论选用什么路径探测的方法，一定要让大地参与到电流回路中。例如向电缆中注入高压脉冲信号时，尽量加在线芯与金属护层之间，金属护层两端特别是测试端一定要接地良好。

3. 无线射频识别（RFID）技术探讨

无线射频识别（RFID）技术是一项非接触式自动识别无线通信技术，由 RFID 电子标签、RFID 阅读器、应用软件组合而成。电子标签由唯一的电子编码进行与阅读器的射频通信，识别特定目标和读写相关数据。与现有的各项识别方式相比，RFID 技术的优势在于穿透物体实现非接触识别，无须与被测目标之间建立物理接触。RFID 技术最突出的特点是非接触识读、可识别高速物体、抗恶劣环境、保密性强、可同时识读多个识别对象等。

该技术在电力设备的运维中已经有使用先例。在户外露天配电网巡检中，通过将 RFID 技术与 ABS 塑料外壳相结合，标签固定于户外露天电网设备外壳上以达到户外所需的防腐耐热要求，极大地优化了户外巡检作业人员的工作效率。在矿用电缆的信息管理中，由于电缆移动频繁且工作环境较为恶劣，通过聚氨酯圆环将 RFID 芯片固定在电缆外部，达到矿用电缆的智能化管理。

现代化城市电力网络的建设已经离不开电力电缆的应用，其高可靠性、低成本等优点极大地提高了电力电缆在城市配电网系统中的普及。然而随着城市建设和快速发展，供电方式从架空线路转向地下电力电缆，使得电缆敷设及通道越来越复杂。由于地下电缆本身的隐蔽性、快速发展导致的建设图纸资料的遗失及更新不及时等问题，电缆判别及路径寻踪给运维检修人员带来了极大的困难。

因此，结合 RFID 技术快速、准确地定位现场目标电缆的空间位置，并实时获取电力电缆相关属性信息，是电力电缆运行维护急需解决的重要问题。该技术基于电缆运维管理现状，设计了一套基于 RFID 技术的电力电缆内置 RFID 标签研发应用系统，可以较好地提高电力电缆信息化管理水平及电网运维巡检效率。

电力电缆内置 RFID 标签智能系统，对电力电缆进行相关属性信息（如电缆型号、运行等级、线路类型、所属单位、生命周期、施工检修记录、地理方位、中间接头等）管理，对运行数据进行存储，能对电网信息管理水平与电力运维效率做出较大提升。

七、 电缆唯一性鉴别

想在几条并列敷设的电缆中正确判断出已停电需要检修或切改的电缆线路，首先应核对电缆路径图。通常根据路径图上电缆和接头所标注的尺寸，在现场以建筑物边线等测量参考点为基准，实地进行测量，与图纸核对，一般可以初步判断需要检修的电缆。为更进一步对电缆线路作准确鉴别，可采用工频感应鉴别法、脉冲信号鉴别法和智能鉴别法三种方法。

1. 工频感应鉴别法

工频感应鉴别法也称感应线圈法。当绕制在开口铁芯上的感应线圈贴在运行电缆外皮上时，其线圈中将会产生交流电信号，接通耳机则可收听到。且沿电缆纵向移动线圈，可听出电缆线芯的节距。若将感应线圈贴在待检修的停运电缆外皮上，由于其导体中没有电流通过，因而听不到声音。而将感应线圈贴在邻近运行的电缆外皮上，则能从耳机中听到交流电信号。这种方法操作简单，缺点是只能区分出停电电缆；同时，当并列电缆条数较多时，由于相邻电缆之间的工频信号相互感应，会使信号强度难以区别。

选用普通的路径仪就可采用工频感应鉴别法识别出停电电缆。

2. 脉冲信号鉴别法

脉冲信号鉴别法所用设备有脉冲信号发生器、感应夹钳及识别接收器等。脉冲信号鉴别法的原理如图 6-47 所示，脉冲信号发生器发射方波脉冲电流至电缆，此脉冲电流在被测电缆周围产生脉冲磁场，通过夹在电缆上的感应夹钳拾取，传输到识别接收器。识别接收器可以显示出脉冲电流的幅值和方向，从而确定被选电缆（故障电缆或被切改电缆）。

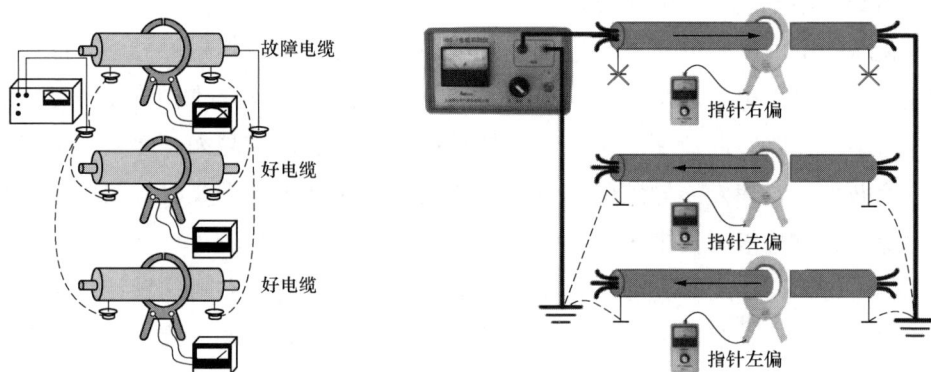

图 6-47　脉冲信号鉴别法原理图

常规的停电电缆识别仪都采用这种方法识别目标电缆，优点是操作简单、直观，可唯一性鉴别电缆；缺点是需要人工根据指针摆动方向分析识别电缆，有时需要一些经验。

3. 智能鉴别法

常规的地下金属管线定位仪基本都含有智能鉴别电缆唯一性的功能，测试时，仪器可通过√、×符号或其他方式直接自动给出鉴别结果，其采用的原理实际上是脉冲电流法，但不再需要人工分析。其输出脉冲电流的设备是管线定位仪自带的音频信号发生器，此信号发生器在路径探测用某特定频率下（例如 512Hz）并入一个 1～2Hz 的脉冲方波，把感应夹钳卡到电缆上时，识别接收器可记录并显示此脉冲电流的幅值和方向。测试时，先在信号发生器的输入端测试，记录下所测电缆中脉冲电流的幅值和方向等基本信息，然后携带识别接收器在电缆的任意位置卡上感应夹钳，定位仪会自动测量并给出鉴别结果。

地下金属管线定位仪既可用于唯一性鉴别停电电缆，又可用于唯一性鉴别带电电缆。

注意：

上述常规的电缆鉴别仪主要用于中压统包型电缆或停电高压电缆的唯一性识别，而运行带电单芯高压电缆唯一性识别时，因感应夹钳感应的电压太高，常规电缆鉴别仪可能会保护不工作或烧毁。现已有可防强感应电压干扰的专用输电电缆鉴别仪。

第二节　高压电缆故障探测方案

常见高压电缆一般都是单芯结构，其可能发生的故障有主绝缘故障和护层故障两大类。故障探测前需首先明确电缆所发生的故障类型，然后再携带对应故障类型的探测设备抵达现场，依据高压电缆故障探测步骤开展故障查找工作。故障类型不同，需用的探测设备也不同，故障探测方案也不同。

一、 高压电缆主绝缘故障探测方案

1. 高压电缆主绝缘故障的特点

（1）常见高压电缆一般为单芯电缆，其主绝缘故障绝大部分都是单相接地（金属护层）故障，几乎不可能发生相间故障。若出现相间故障，必然也是先出现单相各自对自己的金属护层故障。

（2）高压电缆的绝缘较厚，出现低阻短路接地故障的可能性非常小，基本皆为高阻接地故障，且绝缘电阻可能较高，较大概率存在绝缘电阻表测试绝缘合格，故障性质为闪络性接地的故障。若出现低阻短路接地故障，则极大可能为外力破坏故障，例如打桩、顶管等引起，巡线基本可以巡查到故障点，不需要用仪器测量。

（3）高压电缆线芯较粗，保护较好，出现断线开路故障的情况较少，若出现，必然发生了破坏性特别强的事故，例如挖掘机外力破坏、非直埋电缆爆炸性击穿等，巡线基本可以巡查到故障点，不需要用仪器测量。

（4）单芯高压电缆金属护层的连接方式与三芯统包型电缆不同，绝缘接头处两侧金属护层是不通的，该点行波信号不能通过，测试前必须先全线连通金属护层。

（5）高压电缆发生主绝缘故障的概率较小，直埋敷设很少，电缆被重视的程度高，巡视力度大，发生故障后，巡视可查找到大部分故障，需要用仪器探测的很少。

2. 高压电缆主绝缘故障测寻步骤

一旦高压电缆发生了巡线人员巡视无法找到的主绝缘故障，测试人员就需携带相应故障探测设备，按步骤开展故障查找工作。

（1）去现场前的准备工作如下：

1）去现场前，首先需明确电缆发生的是主绝缘故障，而非护层故障。

2) 然后查看电缆图纸，了解电缆全长；知道电缆由几段组成，每段护层的接地方式；中间接头的数量及大致位置，每个中间接头的类型及该接头接地箱的数量和类型，中间接头井是否方便进出等。

3) 再要了解电缆是运行击穿还是试验击穿。若是试验击穿，因电缆存在故障探测用高压信号发生器不能击穿的、超高电阻闪络性故障的概率较大，则应通知高压试验设备不要撤离现场，故障查找时可能会用到高压试验设备。

4) 随后进行安全工器具及故障探测设备的准备，并对所有准备的工具设备进行检查，确保能正常使用。所准备的高压电缆故障探测设备必须含有绝缘电阻表、万用表、高压信号发生器、行波法电缆故障测距仪，最好还要准备一台高压电桥，其他的如精确定点仪、路径仪、鉴别仪等是否准备，可根据所了解的电缆基本资料确定。

（2）抵达现场后的准备工作。抵达测试现场要先做好相关安全工作规程所要求的工作，核对电缆铭牌并确定电缆双端已处于接地状态。然后，需安排有经验的电缆故障查找人员对电缆再次进行全路径巡视，进一步了解电缆情况，与先前了解的电缆基本资料进行校对，并巡查肉眼可能看到的故障点。

电缆巡视未找到明显的故障点时，可用仪器测寻故障点。用故障探测设备测寻故障点前，首先要做的重要工作是必须把疑是故障相的本体金属护层全线贯通，虽然恢复本体金属护层全线连通对行波法故障测距最有利，但考虑甩开护层保护器，连通本体护层的工作不好进行，实际工作时，把保护接地箱、交叉互联箱内的三相护层短路接地即可。三相护层短路是为了使单芯电缆本体金属护层贯通，接地是为了隔离护层保护器。对于护层绝缘接头处设计两个护层接地箱的，除把两个接地箱内的三相护层短路接地外，还要用导线把两个接地箱内的护层连接起来。

（3）通断试验。因常见高压电缆一般为单芯电缆，相间距离较远，通断测试在单相与其金属护层之间进行即可。通断测试的"通"一是为了测量导体线芯的连续性；二是检查电缆的本体护层是否已全线贯通。单芯高压电缆发生断线故障的情况极少，若对端芯线与金属护层短路后，近端测量芯线对金属护层不导通，一般是发生了本体金属护层没有全线贯通的情况，而非芯线导体发生断线故障。为确定是芯线断线还是金属护层断线，需两相之间进行导通测量。确定电缆线芯与金属护层导通后，把对端短路线解开后再测量是否此时不通了，是为校对正配合通断测试的两个终端是否为同一条电缆的两端，这个过程不要遗漏，以确保安全。

（4）绝缘电阻测量。用2500V或以上绝缘电阻表测量电缆三相各自对地（金属护层）的绝缘情况，三相绝缘电阻都良好时，做耐压试验，确认故障相及故障性质。测量方法在本章第一节中已详尽叙述。对于高压试验击穿的闪络性故障，可再次做高压试验，选用试验过程中的在线故障定位设备测量故障点的距离，也可通过多次高压试验击穿，使电缆绝缘降低到故障探测用高压信号发生器可击穿的程度。

（5）全长及接头距离测量。用低压脉冲法测量全长范围内的低压脉冲反射，可测得电缆全长及每一个接头的距离。除非高压电缆发生了极少概率的断线和低阻短路故障，直接通过高阻或闪络性故障相和其本相金属护层之间测量即可。若出现全长反射外其他较大低压脉冲反射波，则应怀疑该相存在本相金属护层不连续的情况，需派人到此距离巡查确认。

这个步骤有进一步核对故障相的金属护层全线贯通的功能。确保故障相的金属护层全线连通，是为保证下一步采用冲闪法或二次脉冲法测量故障距离成功。

（6）故障测距。

1）低阻或断线故障测距。因绝缘接头处的低压脉冲反射波非常明显，使全长范围内的低压脉冲反射波非常乱，不易分析，在高压单芯电缆发生断线和低阻短路故障时，一定要用低压脉冲比较法测试，通过故障相对本相金属护层与良好相对本相金属护层两个低压脉冲反射波的比较，测得故障距离。

2）高阻或闪络性故障测距。高阻或闪络性故障测距首选二次脉冲法，次选冲闪法。原因是二次脉冲法实质上是低压脉冲比较法，波形分析简单。但因高压电缆一般较长，绝缘电阻较大，二次脉冲法测试时不如冲闪法更易击穿故障点，测试成功率比冲闪法低。

在故障绝缘电阻小于 $100\text{k}\Omega$ 时，也可选用高压电桥测试故障距离。但因高压电缆的两个终端距离较远，对端需用的短路线较长；又因高压电缆的线径比短路线的线径或大十倍以上，选用高压电桥和压降比较法测试时必须把短路线等效电缆的长度计算到电缆全长内，否则测距误差会非常大。而选用直流电阻法测量则不受短路线的影响。

（7）故障点精确查找。高压电缆故障绝大部分都发生在接头处，接头都有接头井，故障测距后，可直接到对应距离的接头井查看即可，不需动用定点仪。对于极少数的直埋高压电缆，故障点恰巧在电缆本体上，可选用声磁同步法或声测法精确定点。

随后描述的高压电缆主绝缘故障的案例，恰巧是直埋电缆本体发生故障的案例。

（8）收尾工作。电缆故障点找到并处理后，必须把带到现场的工器具和探测设备收好带回，以便于下次使用。

3. 高压电缆主绝缘故障测寻案例

（1）故障线路情况描述及故障性质诊断。电缆敷设示意图如图 6-48 所示，此电缆线路是从某电厂其中一台机组升压变压器到高压输出母线的一段连接电缆，电压等级为 220kV，绝缘性质为 XLPE 绝缘，电缆全长 253m。电缆在运行中发生接地跳闸事故，用绝缘电阻测试仪测试三相对地绝缘电阻为：BC 相对地为∞，A 相对地为 0，用万用表测试 A 相对地电阻为 2MΩ，诊断该电缆发生了单相高阻接地故障。

（2）故障测试仪器。包括电缆测试高压信号发生器、电力电缆故障测距仪、二次脉

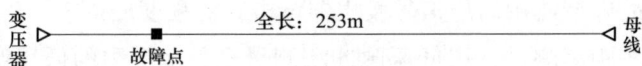

图 6-48　电缆敷设示意图

冲信号耦合器、电缆故障定点仪、绝缘电阻测试仪、万用表等。

（3）故障测距与定位过程。在母线排连接处，通过 A 相对金属护层用低压脉冲法测得电缆的全长为 253.3m，波形如图 6-49 所示，与资料相符。

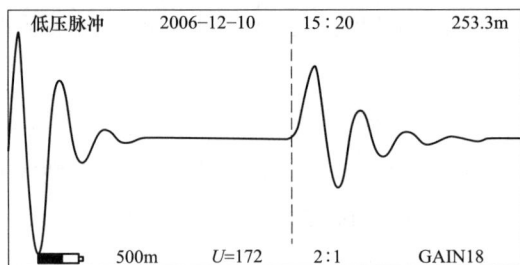

图 6-49　电缆全长波形

通过 A 相对金属护层用二次脉冲法测试，得到图 6-50 所示的二次脉冲波形，测得电缆的故障距离为 115.2m。为了验证二次脉冲测得的距离，又用脉冲电流法测试，得到图 6-51 所示的脉冲电流波形，故障距离为 116.9m。综合分析后，认为故障点应在 115m 的地方。

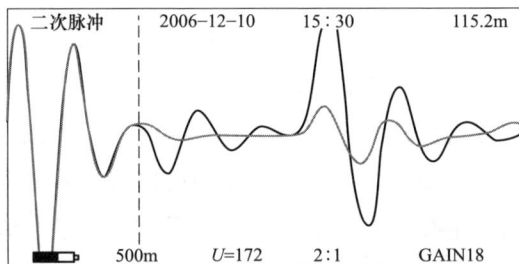

图 6- 50　二次脉冲法测试电缆故障波形

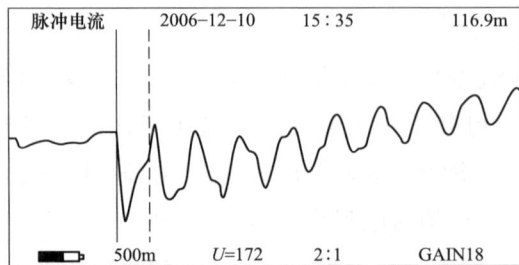

图 6-51　脉冲电流法测试电缆故障波形

向电缆的故障相和金属护层之间施加周期性的高压脉冲，到 115m 附近进行定点时发现，仪器接收不到脉冲磁场信号，把对端的金属护层同工作地直接连接后，仍然接收不到脉冲磁场信号。于是用声测法沿电缆的路径到 115m 附近寻找故障点，最后在一道路上听到了故障点放电的声音，移动探头后找到了放电声音最大的点。挖开后，破开PVC 管，看到了开放性的故障点。

事后分析：故障定点时之所以没有脉冲磁场信号，可能是因为故障点在 PVC 管内。由于电缆为新敷设的电缆，PVC 管内比较干燥，虽然在线芯和金属护层之间的故障点处放电，但和大地之间并没有导通，高压信号发生器从线芯输出的电流，都从金属护层回来了，大地上没有电流通过；同时电缆为单芯同轴电缆，线芯电流产生的磁场和金属护层产生的磁场幅值相同、方向相反，相互抵消，所以没有脉冲磁场信号。

高压电缆的主绝缘如果在运行中发生故障，破坏的一般会比较严重，用 30kV 的高压信号发生器一般都能击穿故障点。而对于做试验时发现的超高阻故障，只要多做几次试验，再用 30kV 的高压发生器就能击穿了。所以，测试高压电缆主绝缘故障，一般并不需要太高电压等级的高压信号发生器。

二、高压电缆护层故障测寻方案

1. 单芯高压电缆护层故障查找的必要性

单芯高压电缆护层故障查找的必要性在本章第一节"电缆故障类型"中已经详细表述，简短概括为：当一段单芯电缆金属护层出现两点及以上接地时，金属护层中感应的环流可达线芯电流的 50%～95%，感应电流所产生的热损耗会极大地降低电缆的载流量，并加速电缆主绝缘的电-热老化，大幅缩短电缆的使用寿命。更为严重的是，环流会使护层故障点发热着火，引起主绝缘击穿事故及电缆通道着火等特大安全事故。

2. 单芯高压电缆护层故障的特点

（1）护层故障是金属护层对大地的故障，两者之间只有一个是金属导体（金属护套），另一个是大地。

（2）护层故障常常多个故障点并存，每个故障点绝缘电阻的大小不一样，查找故障点时要找到一个点，处理一个点，然后再找下个点。

（3）出现护层故障的高压电缆分为两种类型：一类是还未投运的工程电缆，此时护层故障一般为施工过程中的损伤，比较明显，让施工人员仔细巡查即可找到大部分，剩余部分才需动用仪器仪表查找故障；另一类是正在运行的电缆，发现环流异常后停电确认存在护层故障，此时的护层故障一般人工肉眼不易巡查到，需用护层故障探测设备测寻。

（4）由多段组成的较长高压电缆，中间接头一般为护层绝缘头，护层绝缘头两侧的金属护层是不导通的，其通过接地线引出至接地箱内再做保护接地、交叉互联接地或直接接地，护层故障查找时需分段进行，一段一段地分开进行。

3. 单芯高压电缆护层故障测寻步骤

一旦高压电缆发生了肉眼无法巡查找到的护层故障，测试人员就需携带相应的故障探测设备，按步骤开展故障查找工作。

（1）去现场前的准备工作。

1）去现场前，首先需明确电缆发生的是护层故障，而非主绝缘故障。

2）同时了解电缆线路是新敷设未投运的工程电缆还是正在运行的电缆线路。未投运的工程电缆一般情况下护层绝缘已分段测量过，哪段电缆护层有故障已比较明确，现场施工人员已多次巡查过电缆，电缆路径与相别清晰，通道通畅，便于行走。运行电缆则需先分析各段环流检测的数据，提前分析哪几段电缆护层可能存在护层故障，通过停电计划经调度对电缆线路停电后，再抵达现场测寻护层故障点。

3）去现场前一定要先查看待测电缆资料，了解电缆由几段组成，每段护层的接地方式，中间接头的数量及大致位置，每个中间接头的类型及该接头接地箱的数量和类型，电缆通道及中间接头井是否方便行走进出等。

4）最后进行安全工器具及故障探测设备的准备，并对所有准备的工具设备进行检查，确保能正常使用。所需准备的高压电缆护层故障探测设备有绝缘电阻测试仪、万用表、高压信号发生器、高压电桥（传统电桥、压降比较法电桥和直流电阻法数字电桥皆可）等。若有脉动原理的护层故障分段定位仪，一定要携带至现场。若电缆有直埋敷设段，跨步电压法接地故障精确定点仪则必须携带。

（2）抵达现场后的准备工作。对于已运行电缆，抵达测试现场要先确定电缆已处于停电状态，做好相关安全工作规程所要求的工作，核对电缆铭牌并确保双端已处于接地状态。为提高工作效率，随后可安排配合人员全线拆除接地箱盖上的螺钉，拆接地箱盖螺钉前一定要先核对铭牌。

（3）绝缘测量确定护层故障段。然后，从电缆一端开始，分段拆除交叉互联箱内的护层换位片及断开保护接地箱内的护层引线与护层保护器的连接，一边分段拆，一边分段试验，试验的内容有：用通断试验校对同段护层双端是否正确，与羊角是否对应；核对换位排换位正确；用绝缘电阻测试仪测量护层保护器与各段护层绝缘是否合格；测量电缆护层绝缘时，对侧三相护层接地，使各相绝缘接头的绝缘隔板也能结合在一起试验；如某相绝缘接头两侧护层绝缘皆不合格，可考虑有绝缘隔板损害，需通过试验进一步诊断；如果全线测量后，绝缘都合格，则需做耐压试验确认。试验过程中一定要遵守护层绝缘测量相关规程。对于未投运工程电缆，则不需要做上述工作。

（4）护层故障测距。确认护层段故障后，可再仔细巡查这段护层表面，争取肉眼找到护层破损点，确实找不到时，则需开展护层故障测距与精确定位步骤，测寻故障点。

注意：护层故障测距与精确定点时，需要向金属护层中施加直流或脉冲高电压，这会进一步扩大护层故障点的破损程度，所以能肉眼找到的尽可能肉眼找到，一旦确定加高压测试，则必须找到故障并处理。

护层故障是金属护层对大地的故障，两者之间只有一个是金属导体（金属护套），另一个是大地。而大地的行波衰减系数很大，在测量故障距离时，使用行波反射法能测量的范围很小，所以护层故障测距需选用电阻法，即电桥法，包含传统电桥法、压降比较法与直流电阻法等。

虽然从原理上讲，护层故障可选用电阻法测量。但实际测试时，电阻法护层故障测距的成功率很小，其原因如下：

1）变电站的地电位与待测电缆旁其他正在运行的电缆线路，严重干扰电阻法测距设备的使用。

2）用传统直流电桥法与压降比较法测试时，接触电阻对测量结果的影响较大，有时可能会因接触电阻影响而产生错误的测试结果。所以，用直流电桥法与压降比较法测试时，对端需用较粗的连接线短接，且每次接线时均需处理接触点，以期望减小接触电阻。而直流电阻法则不受接触电阻的影响。

3）护层故障常常多个故障点并存，每个故障点绝缘电阻的大小不一样，且很难知道具体的阻值，用电阻法测试多点并存的故障时，可能会有较大的误差或者是错误的结果，由此故障测距仅是一个参考，要找到故障点，就需要进行下一步的工作——护层故障精确定位。

（5）护层故障精确定位。需根据电缆敷设后的外在表现，确定护层故障精确定位方法。

从护层查找人员角度看，敷设后电缆有三种表象：一是测试人员可以用手触碰到电缆，例如在隧道内或电缆沟敷设的电缆、其他敷设方式下电缆接头井内部分电缆；二是测试人员无法用手触碰到电缆，这又分两种情况，一种为直埋敷设，另一种为穿管敷设管内部分。所以护层故障精确定位方法需根据这三种情况，分别选择探测方法。

1）直埋敷设部分，可选用跨步电压法对护层故障点进行精确定位。用高压信号发生器对故障护层加脉冲高电压，大地上会产生喇叭形的电压分布（请参考本章第一节中电缆故障精确定点方法中跨步电压法），用跨步电压法定点仪器确定故障点精确位置。

2）手可触碰到电缆部分，可先用脉动电流信号分段法分段，再用肉眼寻迹，确定故障点精确位置。

3）管内敷设部分。电缆护层故障发生在管内时，因必须抽出电缆进行护层修复，所以没有必要找到在管内的具体位置。如非要找到具体位置，也有特殊的经验方法可用。

4. 脉动电流信号分段法

脉动电流信号分段法为间歇性特征电流信号分段法，其测试原理接线如图 6-52 所示。信号发生器的信号输出线接电缆故障金属护层，金属护层两端悬空不接地。

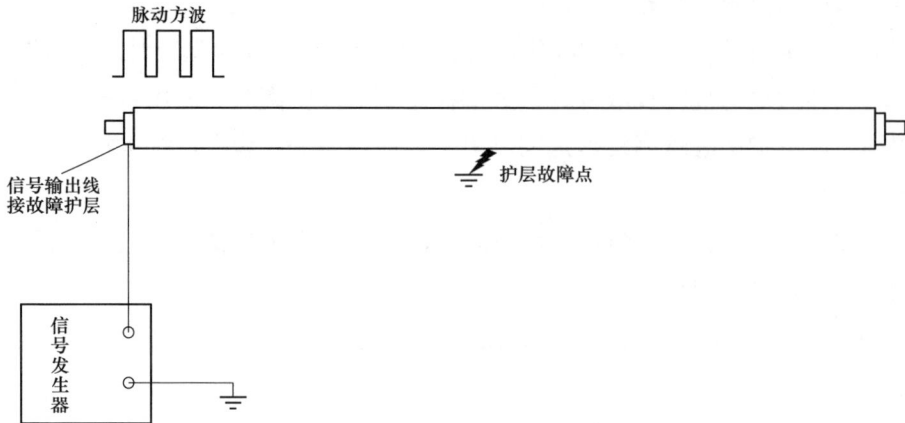

图 6-52　脉动电流信号分段法原理接线图

脉动电流信号分段法测试原理为：通过信号发生器向电缆故障金属护层中加入 1Hz 频率的特征脉动方波，该特征方波沿电缆金属传播至护层故障点时，绝大部分电流被泄漏至大地，故障点后该方波信号极小或已消失。那么，用脉动电流信号传感器（电流互感器）放在电缆上接收该脉动信号，护层故障点前可接收到，故障点后接收到的信号极小或已检测不到，脉动电流信号分段法测试原理图如图 6-53 所示。依此，沿电缆每隔一段距离用信号接收器检测一下，当突然检测不到时，则表示已越过故障点，故障点就在刚刚检测的两点之间某个位置，这样就可对护层故障进行分段。缩小范围继续检测并用肉眼观察电缆表面，看到的冒烟冒火处，即是护层故障点。

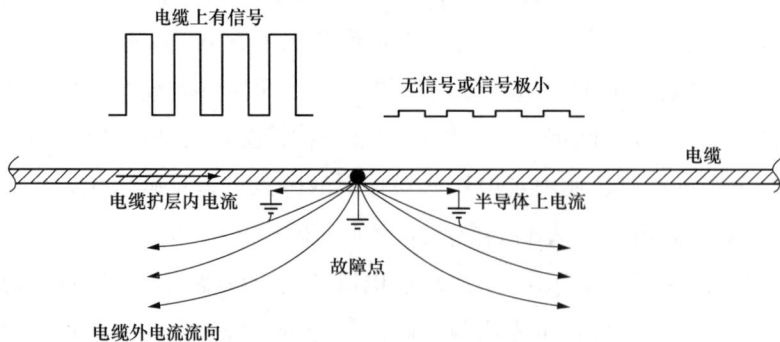

图 6-53　脉动电流信号分段法测试原理图

信号发生器向电缆护层内输出脉动信号的电压在 0～10kV 之间，护层故障点接地电阻越大，需输入的电压越高，目标是输出方波顶值为 50mA 左右的电流，这样更利于探测。

图 6-54 所示的是电缆在电缆井内时护层故障分段示意图，在故障点之前的井孔内测量时，可接收到 50mA 左右的脉动电流方波信号，到故障点之后的井孔内再测量，电流信号只有 0.3mA，故障点就在这两个井孔之间的某个位置。

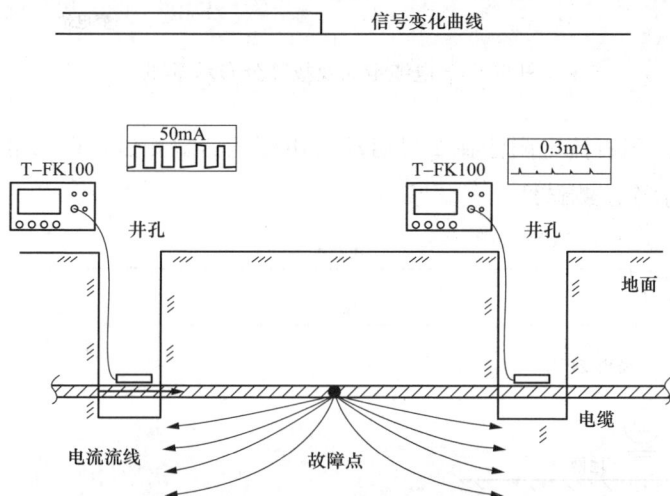

图 6-54　电缆井内护层故障分段示意图

5. 高压电缆护层故障测寻案例

案例一：直埋电缆护层故障探测案例

（1）电缆敷设情况描述。某变电站 110kV 交联聚乙烯电缆，联络变电站内 110kV 母线与 2 号启动备用变压器，全长 278m。用绝缘电阻测试仪测量绝缘电阻：A 相护层对地为 20MΩ，B、C 两相护层对地均为 0.2MΩ（用万用表测量均为 2MΩ）。电缆敷设在电缆沟中，电缆沟用细砂填实，电缆沟上盖水泥盖板，且已浇注好缝隙，水泥板上用土回填，其中 120～180m 段路面已经铺好水泥路面（厚约 10cm）。电缆走向及故障分布情况如图 6-55 所示。

（2）故障测试设备。包括电缆护层故障测试仪原理机、电缆测试高压信号发生器、万用表、绝缘电阻测试仪等。

（3）测试过程。本次测试找到了全部 5 个故障点，按查找顺序依次为 B1、C1、C2、B2、B3（见图 6-55）。其中 C1、C2、B1、B3 点故障均为施工时被盖板砸伤或被水泥块硌伤。B2 点故障比较特殊，长约 2m 段的电缆质量存在问题。

在故障点查找的过程中是查找到一个点，处理一个点，然后在测试绝缘后，再继续查找其他的点。故障测距与定点过程如下：

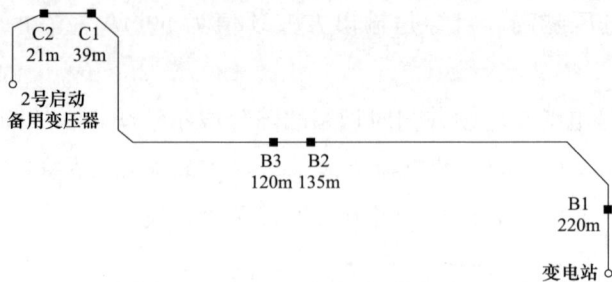

图 6- 55　电缆走向及故障分布示意图

1）测距过程。用直流电阻法在 2 号启动备用变压器端测试，以 B 相护层故障测距为例，按图 6-56 所示连接测试线。

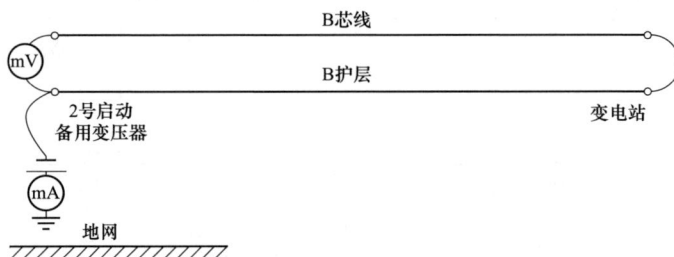

图 6- 56　护层故障测距接线示意图

根据资料，电缆单位长度护层电阻为 $0.0560\Omega/km$，对两相各故障点测试后，得到如表 6-2～表 6-5 所示数据。

表 6-2　　　　　　　　　　　　　　　B1 故障测距数据

项目	第一组	第二组	第三组
U/mV	0.662	0.671	0.683
I/mA	53.9	55.2	55.5
R/Ω	0.012 28	0.012 16	0.012 31
X/m	219.3	217.1	219.8

平均值：$X=218.7m$

表 6-3　　　　　　　　　　　　　　　C1 故障测距数据

项目	第一组	第二组	第三组
U/mV	0.123	0.118	0.116
I/mA	55.4	55.1	53.6
R/Ω	0.002 22	0.002 14	0.002 16
X/m	39.6	38.2	38.6

平均值：$X=38.8m$

表 6-4　　　　　　　　　　　　　**C2 故障测距数据**

项目	第一组	第二组	第三组
U/mV	0.064	0.058	0.057
I/mA	52.5	51.5	50.5
R/Ω	0.001 22	0.001 13	0.001 13
X/m	21.8	20.1	20.2

平均值：$X = 20.7\text{m}$

表 6-5　　　　　　　　　　　　　**B3 故障测距数据**

项目	第一组	第二组	第三组
U/mV	0.365	0.331	0.364
I/mA	54.4	49.6	53.8
R/Ω	0.006 71	0.006 67	0.006 77
X/m	119.8	119.2	120.8

平均值：$X = 119.9\text{m}$

其中测试 B1、C1、C2、B3 故障点的距离时，电压表读数都很稳定，测距结果也很精确，误差较小。

而对 B 相第二个故障点（B2 点）测距时，电压表读数不稳定，数据变化非常快，到对端变电站端测量也是如此。表 6-6、表 6-7 分别给出了在两端测得的电压、电流数据及测距结果，最后大致取得平均值后，得到故障点大约在距 2 号启动备用变压器端 170～180m 的地方。

表 6-6　　　　　　　　　**B2 故障测距数据（2 号启动备用变压器端测量）**

No.	U/mV	I/mA	X/m
1	0.519	58.3	159
2	0.493	54.3	162
3	0.549	57.9	169
4	0.560	55.3	180
5	0.529	49.6	190
6	0.579	55.6	186
7	0.533	53.9	176
8	0.531	54.9	173
9	0.500	50.0	178

表 6-7   **B2 故障测距数据（变电站端测量）**

No.	U/mV	I/mA	X'/m	X/m
1	0.243	51.4	84	194
2	0.242	54.0	80	198
3	0.197	51.3	69	209
4	0.229	53.5	76	202
5	0.280	53.0	94	184
6	0.070	49.0	26	252
7	3.388	50.6	—	—

最后通过定点在 135m 处找到 B2 故障点，挖开后发现此处故障比较特殊，电缆没有明显损伤，但能听到放电时的"啪啪"声，并能看到电缆上尘土随放电声震落。分析认为此段（前后约 2m 长）电缆存在质量问题。电缆厂家来人也认为电缆上可能存在看不见的"针眼"损伤。

值得注意的是：在测距时，曾用良好 A 相护层代替故障线芯作为测试故障段电压降的联络线，即把图 6-56 所示中的 B 线芯改成 A 护层后接线。测试时发现毫伏表显示的数据十分不稳定，变化得特别快，测距结果也不准。这是由于现场电磁干扰较大（电缆大部分在运行中的变电站内），将故障相护层和非故障相护层短接时，测试回路面积很大，引入的感应电压也就很大，从而导致毫伏表读数明显偏大并且不稳定。而采用图 6-56 所示接线时，故障相护层和故障相线芯是一条同轴电缆，外界的干扰对其影响不大，因而测得的数据也就准确。

故障定点使用跨步电压法。向故障护层与接地网之间施加 2000V 周期为 4s 的脉冲电压，沿电缆走向在土层中插入两根镀锌的钢筋，用万用表 DC 200mV 挡测量跨步电压。

定点过程中，跨距均为 1m 左右。在故障点前后各 2m 范围内，跨步电压反应明显。在故障点位置上，放电时电压突变高达 20mV 左右。在离故障点较远时（2m 以上），放电时跨步电压几乎为 0。用此办法轻松找到了 C1、C2、B1、B3 四个故障点。

对 B2 故障点进行定点时，在地面上探测到了明显的跨步电压，但挖开（2m）后，电缆上看不到明显的损伤点，探针插入电缆沟内的细砂中探测不到跨步电压，但在电缆沟上的土层中却可以探测到跨步电压。分析认为此段电缆可能存在多处故障，使得此段电缆在放电时处于等电位，在此段的前后才有跨步电压，把这 2m 电缆表面护层处理后，又寻找到 B3 故障点。

2）经验总结：

a. 用直流电阻法测试护层故障距离时，如果有条件，最好用故障线芯作为测试该护层故障段电压降的联络线，没有条件时再采用其他相良好护层。但采用其他相良好护层作为测试护层故障段电压降的联络线时，可能会受到外界电磁场的干扰，在所测电缆附近有正在运行的电缆时，干扰格外严重。

b. 为避免接触电阻的影响，测距接线时，在故障护层上连接电压表的线一定不要和连接电流表的线连到一个点上，尽量接到电流表接线点的后面。

c. 测距时如果毫安表读数不稳定，可以先接入电容器对故障电缆冲击放电几次，然后再重新测距。并且即使测距读数不稳，也可根据测出的大致位置，沿电缆走向来回定点，必能找到故障点。

d. 定点过程中，不放电时的电压正负极性没有任何意义，只需注意放电时的电压跳变方向。

e. 定点时，故障点前后的跨步电压极性不同。换言之，只有找到正负方向不同的电压跳变，才是精确的故障点位置。

f. 如果地面上确实探测到跨步电压，但挖开后却找不到明显故障点，可通过放电时的声音和振动判断故障点的存在。

案例二：隧道敷设 220kV 电缆护层故障探测案例

（1）案例描述。此 220kV 电缆护层故障的查找工作分两个阶段进行：

1）第一阶段情况描述：

2014 年 1 月 3 日接到此 220kV 电缆需要查找护层故障的通知，遂组织测试人员抵达测试现场。

经与现场的技术人员交流后得知：此 220kV 电缆为架空线路改造新入地的工程电缆，电缆全程在隧道内敷设，全长约 8400m，由 6 个交叉互联段共 18 段电缆组成，每段长度约 500m。电缆敷设完成后，高压试验人员对电缆护层做耐压试验时，发现多段电缆护层绝缘不合格。经接头制作方的技术人员及工程方的工程人员多天查找，在找到多处故障点并进行修补后，仍有四段电缆护层绝缘不合格，但找不到故障点。

护层故障段及故障相分别是：4 号接头—5 号接头段的 C 相、6 号接头—7 号接头段的 C 相、9 号接头—10 号接头段的 B 相、12 号接头—13 号接头段的 B 相。

经查找，在这 4 段电缆上共找到 5 个故障点，全因外力破坏所致，其中 6 号接头—7 号接头段的 C 相上有两个故障点。修复后，这些段电缆护层绝缘合格。

2）第二阶段情况描述：

待第一阶段找到所有故障并修复后，由高压试验人员继续做护层耐压试验时，出现如下情况：220kV 变电站 1 号电缆接头段的 A、C 相与电缆对侧终端段三相，用 10kV 电动绝缘电阻表对电缆护层做耐压试验及绝缘测量过程中，可以加压至 10kV，但耐压几秒后突然击穿，导致电阻急剧下降至接近零。

经查找发现，除变电站 1 号电缆接头段的 C 相另有一个外力破坏故障外，5 条线路皆为内置光纤引起的护层故障。经绝缘处理后，整体护层耐压通过，验收通过，成功送电！

（2）检测过程和方法描述。

1）测试所用设备包括电缆护层故障测试仪、电缆护层故障探测高压信号发生器、电缆护层故障探测分段定位仪、电缆测试高压信号发生器、绝缘电阻测试仪、万用表等。

2）探测方法：

a. 第一阶段：

5个故障点的查找方法都是先用电缆护层故障测试仪与电缆护层故障探测高压信号发生器配合进行测距，然后用电缆护层故障探测分段定位仪进行故障分段，通过逐步缩小故障范围，最后锁定故障位置的方法找到故障点。

电缆护层故障测试仪的测距方法为直流电阻法，电缆护层故障探测高压信号发生器的直流输出功能提供直流高压，具体接线方法如图6-57所示。

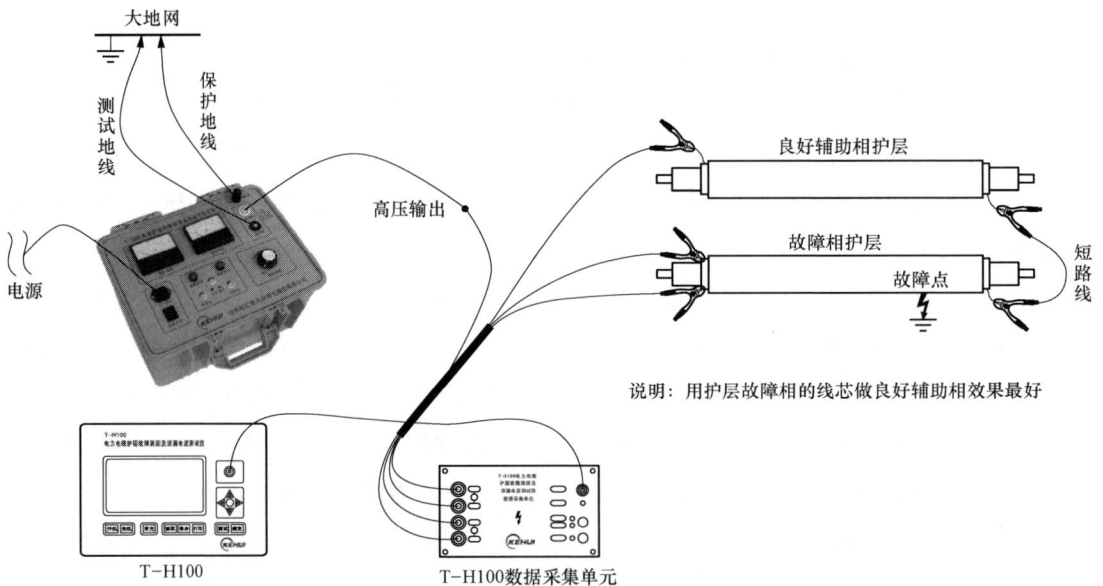

图 6-57　护层故障测距接线示意图

因为电缆为隧道内敷设，故障点的精确查找是依据测距的结果，测得距离的大致范围，用护层故障探测分段定位仪的故障分段功能进行逐步精确查找。

由护层故障探测高压信号发生器的脉冲输出功能向故障电缆护层中输出间歇性特征电流信号，通过护层故障探测分段定位仪放置到电缆上的电流传感器接收信号，根据信号的有无，判断故障点的方位，进而寻找到故障点。

护层故障分段及精确定位接线示意图如图6-58所示。

间歇性直流特征信号法护层故障分段原理同脉动电流信号分段法测试原理，如图6-

166

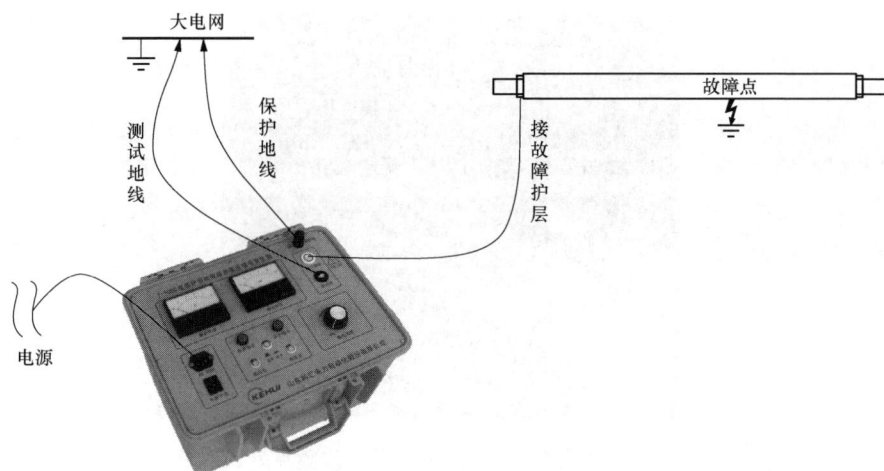

图 6-58　护层故障分段及精确定位接线示意图

53 所示。

b. 第二阶段：

在 220kV 变电站，用第一阶段的方法查找故障点时出现了问题：首先，由于 220kV 变电站内的强电磁干扰，使得用护层故障测试仪无法进行故障测距，用高压电桥测试，也是干扰严重，无法调平衡。然后，直接用护层故障探测分段定位仪进行故障分段定点时，电缆终端头上根本收不到间歇性特征电流信号，而终端头约 10m 电缆裸露在外，也看不到有任何护层破损的地方。

在多种可能性的猜想下，用带有大电容的电缆护层故障探测高压信号发生器对护层进行高压放电，看到故障竟然发生在内置光纤的接头盒内。

而 220kV 变电站 1 号电缆接头段 C 相的第二个故障点，则是直接用分段定位仪找到的。

（3）故障探测具体过程与故障点情况。

1）4 号接头—5 号接头段的 C 相故障。该段故障的测试位置在 5 号接头，经 T-H100 测距，故障距离为距离测试端 5 号接头约 10m，经 T-KF100 测试，间歇性特征电流信号在 10m 外消失，确认故障点就在 10m 内。因电缆接头处 30m 内缠了两层防火带，把 10m 左右处电缆外防火带拆开后，找到了故障点。该故障点位置在电缆内侧，为外力破坏引起的故障。

4 号接头—5 号接头段 C 相故障点外观照片如图 6-59 所示。

2）6 号接头—7 号接头段的 C 相故障（两个故障点）。该段故障的测试位置在 6 号接头，经 T-H100 测距，故障距离为距离 6 号接头 457m。经 T-KF100 故障精确定位，分别在 400m 左右及 510m 左右（距 7 号接头约 10m）找到故障点，为两点故障，故障测距

图 6-59　4 号接头—5 号接头段 C 相故障点外观照片

457m 基本在其中间位置。

6 号接头—7 号接头段 C 相第 1 个故障点（距离 6 号接头 400m）在电缆托梁上的卡子内，为曾经处理过的故障，处理过程中误把半导带当成了绝缘带使用，造成该故障点未修复好。

6 号接头—7 号接头段 C 相第 1 个故障点外观照片如图 6-60 和图 6-61 所示。

图 6-60　6 号接头—7 号接头段 C 相第 1 个故障点外观照片

6 号接头—7 号接头段 C 相第 2 个故障点位于 7 号电缆头约 10m，同 4 号接头—5 号接头段 C 相故障点一样，该故障点位置在电缆内侧，为外力破坏引起的故障。因电缆接头处 30m 内缠了两层防火带，在用 T-KF100 确定位置把电缆外防火带拆开后，找到了故障点。

6 号接头—7 号接头段 C 相第 2 个故障点外观照片如图 6-62 所示。

3）12 号接头—13 号接头段的 B 相故障。该段故障的测试位置在 12 号接头，经 T-H100 测距，故障距离为离 12 号接头约 500m。经故障精确定点后，在距离 13 号接头 10m 处找到了故障点，与 4 号接头—5 号接头段 C 相故障点和 6 号接头—7 号接头段 C 相第 2 个故障点一样，故障点外为防火带，同为外力破坏引起的故障。与前两者所不同的

图 6-61　6 号接头—7 号接头段 C 相第 1 个故障点剥开半导带及防水带后照片

图 6-62　6 号接头—7 号接头段 C 相第 2 个故障点外观照片

是：该故障点位置在电缆的外侧上方，并且故障点处被另外包了一层绝缘。可见该处曾被发现，只是故障处理人不太懂，没有刮开半导体层，就包裹了绝缘带。

故障点外观照片如图 6-63～图 6-65 所示。

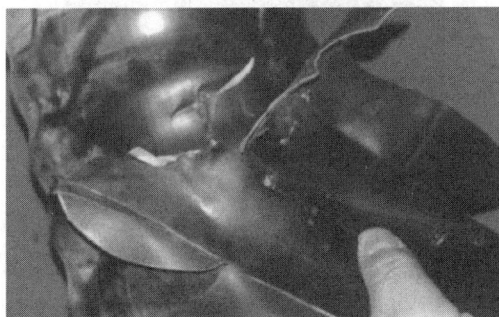

图 6-63　12 号接头—13 号接头段 B 相故障点外观及外缠绝缘带的照片

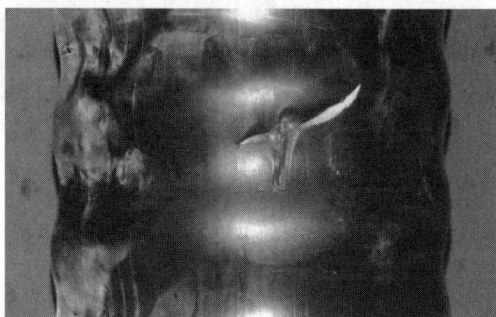

图 6-64　12 号接头—13 号接头段 B 相故障点外观照片

图 6-65　12 号接头—13 号接头段 B 相刮开半导体层后故障点外观照片

4）9 号接头—10 号接头段的 B 相故障。该段故障的测试位置在 10 号接头，经 T-H100 测距，故障距离为距离 10 号接头约 408m。经 T-KF100 精确定点后，在距离 10 号接头约 120m 处找到了故障点。同 6 号接头—7 号接头段 C 相第 1 个故障点一样，故障点位于电缆托梁上的卡子内，为曾经处理过的故障，处理过程中把半导带当成了绝缘带使用，造成该故障点未修复好。

故障点外观照片如图 6-66 和图 6-67 所示。

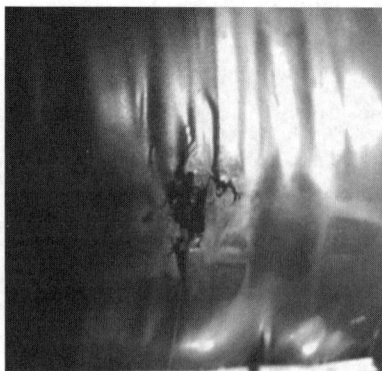

图 6-66　9 号接头—10 号接头段 B 相故障点外观照片

图 6-67 9 号接头—10 号接头段 B 相故障点剥开半导带及防水带后照片

至此，第一阶段故障查找结束，4 段电缆共查出 5 个故障点，刮开半导体层后耐压合格，等待修复。

5）220kV 变电站 1 号接头段的 A、C 相故障。第二阶段是在 220kV 变电站内测试的，在变电站内强电磁干扰下，出现 T-H100 与高压电桥都无法测距的情况，而在直接用 T-KF100 进行故障分段定点时，又出现电缆终端头上根本收不到间歇性特征电流信号的情况。

根据 T-KF100 测试的情况，感觉故障点应是在近端。但电缆终端头约 10m 电缆裸露在外，根本看不到有任何护层破损的地方，接地电缆与接地箱内也看不到有接地的地方。于是选用带有大电容的 T-100 高压信号发生器对护层进行高压放电，发现内置光纤的接头盒内有放电现象。

经仔细检查后，发现引起故障的原因是电缆的金属护层通过内置光纤的金属护层与光纤的接头盒连在了一起，光纤接头盒绑在金属支架上，因光纤接头盒与金属支架之间绝缘不够，从而引起电缆护层绝缘不够。

这个问题在电缆对侧终端头上同样存在，在找这个故障的同时，电缆对端就传来三相护层全部绝缘击穿的消息，把这个现象告诉对端后，对端的问题也就解决了。

而之所以电缆的 B 相绝缘合格，可能是熔接光纤时，内置光纤的金属护层没有与光纤接头盒连接的原因，不过也有可能是其他原因，这需要把光纤接头盒打开才能分析。

本次测试发现了内置光纤接头盒的隐患，为本工程另一条线路敷设及国内其他同样工程，提供了借鉴。

6）220kV 变电站 1 号接头段的 A 相第二个故障。把 A 相的光纤接头盒绝缘后，再对 A 相护层进行耐压试验，发现直流电压升至 8kV 时突然击穿，然后耐压只能达到 3kV 左右。说明还有故障，继续查找。

因有干扰，不能测距，通过 T-100C 直接向故障护层中施加间歇性特征电流信号，用

T-KF100 先进行大范围故障分段，逐步缩小范围后，在距 1 号接头几米处的防火带下找到了故障点，与第一次测试的故障点一样，电缆为一锐器所伤，故障点的照片如图 6-68 所示。

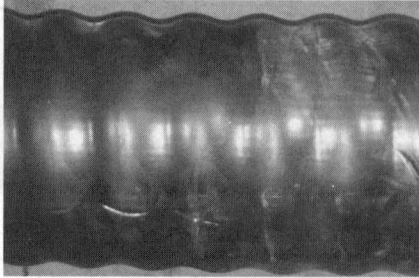

图 6-68　220kV 变电站 1 号接头段 A 相第二故障点外观照片

7）测试总结：两次测试共测得 8 个故障点，其中 4 个故障在接头附近，为一同样性质的锐器所伤，另有 2 个故障是因为没有修复好引起的，其他 2 个故障为光纤接头盒引起的。

（4）测试心得：

1）从 4 个接头附近的故障点看，位置都在接头的 10m 左右，故障点外观都差不多，好像为同样性质的东西所伤，该物品能使电缆产生 3cm 左右的口子，并在中心位置形成较深的创口。根据故障点伤口外观情况，找到这个东西，分析出引起故障的原因，可引以为戒。

2）绝缘带与半导带外观差不多，不太容易分辨，用错绝缘带是 2 个旧故障点没有处理好的原因。但没有处理好却没有被及时发现，是不应该的，这是试验方法有问题。故障点找到并刮好半导体层后，应先做耐压试验，待耐压试验没有问题后，才可修补，如果耐压试验有问题，则需要继续查找故障，直到所有的故障点都找到。每个故障点修补后，都需立即做耐压试验，如果这时耐压试验不合格，则是这个故障点修补的质量原因，重新修补即可。

3）国内带内置光纤的高压电缆不是很多，因光纤引起的绝缘问题除此次出现的这种外，还可能会有其他问题，需要密切关注，并且工程人员施工时，需要多多注意。

4）施工前，应给工程人员进行必要的教育，除了让其注意避免碰伤电缆外，还要说明碰伤电缆应第一时间汇报，纵然怕担责任，不敢汇报，也不能自作主张，自行修补。

5）护层故障点的修复一定要注意做好防水，一旦防水做不好，可能会在以后运行过程中，隧道进水时，再次发生故障。

（5）处理结果。测试结束并修复后，整体护层耐压试验通过，第二天送电成功。

第三节　电缆检修时的相关注意事项

电力电缆作为电力线路的一部分，因其故障概率低、安全可靠、出线灵活而得到广泛应用。但是一旦出故障，检修难度较大，危险性也大，因此在检修、试验时应特别加以注意。

1. 工作前准备注意事项

电力电缆停电工作应填用第一种工作票，不需停电的工作应填用第二种工作票。工作前应详细查阅有关的路径图、排列图及隐蔽工程的图纸资料，必须详细核对电缆名称、标示牌是否与工作票所写的相符，在安全措施正确可靠后方可开始工作。

2. 工作中注意事项

工作时必须确认需检修的电缆。需检修的电缆可分为两种：

(1) 终端头故障及电缆表面有明显故障点的电缆。这类故障电缆，故障迹象较明显，容易确认。

(2) 电缆表面没有暴露出故障点的电缆。对于这类故障电缆，除查对资料，核实电缆名称外，还必须用电缆识别仪进行识别，使其与其他运行中的带电电缆区别开来，尤其是在同一断面内有众多电缆时，严格区分需检修的电缆与其他带电的电缆尤为重要。同时这也可以有效地防止由于电缆标牌挂错而认错电缆，导致误断带电电缆事故的发生。

锯断电缆必须有可靠的安全保护措施。锯断电缆前，必须证实是确需要切断的电缆且该电缆无电，然后，用接地的带木柄（最好用环氧树脂柄）的铁钎钉入电缆线芯后，方可工作。扶木柄的人应戴绝缘手套并站在绝缘垫上，应特别注意保证铁钎接地的良好。工作中如需移动电缆，应小心，切忌蛮干，严防损伤其他运行中的电缆。电缆头务必按工艺要求安装，确保质量，不留事故隐患。

电缆修复后，应认真核对电缆两端的相位，先去掉原先的相色标志，再套上正确的相色标志，以防新旧相色混淆。

3. 高压试验时注意事项

电缆高压试验应严格遵守相关安全工作规程。即使在现场工作条件较差的情况下，对安全的要求也不能有丝毫的降低。分工必须明确，安全注意事项应详细布置。试验现场应装设封闭式的遮拦或围栏，向外悬挂"止步，高压危险！"标识牌，并派人看守。尤其是电缆的另一端也必须派人看守，并保持通信畅通，以防发生突发事件。试验装置、接线应符合安全要求，操作必须规范。试验时注意力应集中，操作人员应站在绝缘垫上。变更接线或试验结束时，应先断开试验电源，放电，并将高压设备的高压部分短路接地。高压直流试验时，每告一段落或试验结束时均应将电缆对地放电数次并短路接地，之后方可接触电缆。

4. 其他注意事项

打开电缆井或电缆沟盖板时，应做好防止交通事故的措施。井的四周应布置好围栏，做好明显的警告标志，并且设置阻挡车辆误入的障碍。晚上，电缆井应有照明，防止行人或车辆落入井内。进入电缆井前，应排除井内浊气。井内工作人员应戴安全帽，并做好防火、防水及防高空落物等措施，井口应有专人看守。

参 考 文 献

［1］王伟，阎孟昆，姜芸，等．交联聚乙烯（XLPE）绝缘电力电缆概论．西安：西北工业大学出版社，2018.

［2］陈天翔，王寅仲，海世杰．电气试验．2版．北京：中国电力出版社，2008.

［3］国家电网公司运维检修部．输电电缆"六防"工作手册．北京：中国电力出版社，2017.

［4］李宗延，王佩龙，赵光庭，等．电力电缆施工手册．北京：中国电力出版社，2002.

［5］姜芸．国家电网公司生产技能人员职业能力培训专用教材·输电电缆．北京：中国电力出版社，2010.

［6］郑世才．射线检测．北京：机械工业出版社，2004.

［7］王华．X射线数字成像系统及其应用．计测技术，2005，25（6）：5-8.

［8］中国机械工程学会无损检测分会．超声波检测．北京：机械工业出版社，2004.

［9］李家伟，陈积懋．无损检测手册．北京：机械工业出版社，2002.